- 北京市基层科普行动计划项目成果
- 北京市东城区校外“三个一”项目建设成果
- 北京市东城区青少年科学技术学院课程成果

周心悦　马 亮 主编

海洋出版社

图书在版编目(CIP)数据

海洋极地100问/周心悦，马亮主编．—北京：海洋出版社，2020.8

ISBN 978-7-5210-0635-3

Ⅰ.①海…　Ⅱ.①周…②马…　Ⅲ.①海洋-青少年读物②极地-青少年读物　Ⅳ.①P7-49②P941.6-49

中国版本图书馆CIP数据核字(2020)第150803号

责任编辑：鹿　源
责任印制：赵麟苏

海洋出版社　出版发行

http://www.oceanpress.com.cn
北京市海淀区大慧寺路8号　邮编：100081
中煤（北京）印务有限公司印刷　新华书店北京发行所经销
2020年8月第1版　2020年8月第1次印刷
开本：787 mm×1092 mm　1/16　印张：8.25
字数：182千字　定价：38.00元
发行电话：010-62132549
邮 购 部：010-68038093

编委会

序

水是万物之母，海洋是生命的摇篮。

海洋，广袤无垠，浩瀚深远。我们脚踩宽广大地，仰望深邃星空，也探寻着苍茫的大海。人类很早以前就用稚嫩的目光注视着海洋，它的美丽平静呼唤着我们去徜徉其间，它的狂躁和咆哮考量着我们的胆识，它的幽深和神秘考验着我们的耐心。面对海洋，我们恐惧，敬畏，探索，斗争，征服，利用……海洋不断给予我们启迪，而我们面对大海怎能停止思考？

作为一名从业多年的海洋工作者，对于海洋有认识，有热爱，可是身边的人（不包括同领域）对于海洋，大多数是对阳光、沙滩、蓝天、白云、海鲜、海岛旅游的憧憬和向往。海洋于我们人类，于我们民族和国家，于我们的未来究竟有着怎样深远的意义，大多民众是没有认知的，或是知之甚少。

伴随着人类生产、生活活动持续发展，人口、资源、环境的压力已经成为世界性难题，陆地似乎难以支撑我们更久远的未来，人类的目光高度热切地开始关注海洋。认知海洋、探索海洋、亲近海洋、敬畏海洋、爱护海洋成为必然。弘扬海洋文化，传播海洋精神，培养海洋意识成为诸多海洋工作者的使命担当。

近年来，在中国海洋学会的大力支持下，我们在北京、天津的中小学校组织开展海洋科普进课堂活动，设计海洋课程，聘请专家进行海洋科普讲座、海洋科普巡展，展开“相约雪龙寄梦南极”“蛟龙探海”等海洋研学活动，积极与教委、青少年科技馆、学校携手开展海洋意识培养、海洋科普教育宣传工作。

这本《海洋极地 100 问》书册，汇集了北京市东城区众多中小学校老师、学生的心血，也是东城区青少年科技馆科普工作者的一次成功策划和全新探索，也为我们海洋科普工作开启了新的思路。教育要从娃娃抓起，海洋教育工作尤甚。同学们在这次“跟着雪龙去探海”的大型系列活动中，奇思妙想，童趣绽放，以四格漫画的形式，提出了很多关于极地、关于海洋的有趣有意义，甚至值得我们这帮大人深深思考的问题。我们将海洋工作者的回答结集成册，有了这本小书。

少年郎，扬帆起航向海洋。让我们从现在开始，从身边开始，从这本书册开始，跟随着同学们的发问，开启对海洋、极地探梦之旅。海洋梦，少年梦，中国梦！

中国海洋报社 社长

中国自然资源报社 总编辑

赵晓涛

前 言

党的十九大报告中再次强调，加快建设海洋强国战略部署，对推动经济持续健康发展，对维护国家主权、安全、发展利益，对实现中华民族伟大复兴都具有重大而深远的意义。北京不是“沿海”城市，但有效培养区域内青少年的海洋意识是校外科普教师们共同的使命。北京市东城区青少年科技馆从 2016 年起开始设计组织以“海洋”为主题的科普系列实践活动。通过近三年的实践，海洋科普教育氛围在东城区中小学中逐步形成。为了进一步开展好“海洋”科普教育，2019 年东城区青少年科技馆策划实施了“跟着雪龙去探海”科普实践活动，旨在引导东城区青少年学生树立正确的海洋观，引导学生认识海洋，重视海权，在交流和学习中，激发学生探索海洋的热情。

与其他科学领域相比，海洋和极地方面的知识对于青少年来说拥有着无与伦比的吸引力。原因就在于人类对海洋和极地的了解甚少，这让中小学生们也对海洋充满了无限的好奇与遐想。笔者为设计本次活动，曾走进多所北京市东城区中小学与学生交流。在交流中发现，只要提起“海洋”“极地”这两个词语，学生的脑海中总会涌现出很多有意思的问题。于是，征集孩子们的“问题”就纳入了活动方案。随后，在对活动方案的进一步优化中笔者意识到，仅仅让孩子们提出问题，无非是把问题以文字的形式提交上来。对于未成年人来说，这样的活动不免显得简单、枯燥，也不太符合学生的年龄特点。于是，笔者设计了让孩子们以“四格漫画”这种他们喜欢的方式提出关于海洋、极地科学问题，并在中国海洋报社的支持下协调了相关领域的专家为学生提出的“问题”做出专业的解答，而且，提出问题的学生还会在专家的指导下，尝试着以实验探究的方式去验证这些答案的合理性。东城区 25 所中小学近 3000 名学生参与到活动中来，征集问题近 4000 个，活动赢得了学校、社区、学生、家长的一致好评，成为了东城区科技教育新的品牌科普活动。

用笔端传播科学！用行动弘扬精神！这是北京市东城区青少年科技馆设计实施“跟着雪龙去探海”科普实践活动的初心。“跟着雪龙去探海”科普实践活动历经“海洋极地 100 问征集”“海洋科普讲座”“海洋科学家对话小记者”“连线中山站”“海洋科普进社区”等系列活动，呈现出一批可喜的育人成果。《海洋极地 100 问》是在上述系列活动开展后所呈现的众多成果之一。希望通过本书的出版，让更多的青少年了解海洋、极地科普知识，在更多孩子心中种下未来科学家的种子！

周心悦　马亮

2019 年 11 月　北京

目 录

地理海洋

生物海洋

海洋环境

海洋资源

和立方小子一起去“探”海

你们知道吗？我们居住的星球有 70% 的面积被海水覆盖。虽然人类去过月球，还将航天器送到过更遥远的太空去探索，但是我们对海洋却知之甚少。

北京市东城区的青少年们对海洋充满了无限的好奇，他们用笔端描绘出许多有意思的问题。“雪龙号”上的科考队员、海洋报社的编辑叔叔们对同学们的问题给予了专业的解答。

想知道海洋的秘密吗？那就让我们跟随这支“海洋探秘”小分队去做一次有趣的海洋科考，你将对海洋有一个全新的认识！

长城站

昆仑站

泰山站

中山站

地理海洋

罗斯海

什么是离岸流？它是怎么形成的？

北京市东城区和平里第四小学
绘　画　作　者：　骆　梓　恒
指　导　教　师：　刘　春　燕

所谓离岸流，是一股射束似的狭窄而强劲的水流，它以垂直或接近垂直于海岸的方向向外海流去。其宽度一般不超过 10 米，长度一般在 30 ～ 50 米之间，有的长达 700 ～ 800 米。这束水流虽然不长，但速度很快，流速可高达每秒 2 米以上，每股的持续时间为两三分钟甚至更长。离岸流又被称为回卷流。这种说法指出了它回流海中的主要特点。

要了解离岸流的形成，还得从“风生水起”说起，在风的持续作用下，海面必定会起波浪，是为风浪。风浪的波动会沿海面传播到远处，但海水却并没有移动——仅仅是在原地作椭圆形“踏步”。不过，风浪传播到近岸浅水区时，情况就大不相同了。一方面，波高加大；另一方面，由于海底的摩擦阻力迅速增大，波浪将前倾、翻卷、破碎成浪花，在近岸处形成一条明显的破碎带。与此同时，波浪挟带着大量海水冲向海滩，直到其动能消耗殆尽为止。不过此时海水恰处于最高位置，在重力的作用下，又只能穿过破碎带再回流到海中。在平缓而漫长的沙岸或泥岸，海水冲向海滩后再缓缓回落周而复始，一般构不成强劲的离岸流。但如果在某个时刻，冲向海滩的海水因某种扰动聚集起来，退落时就可能形成离岸流。如果海岸的地貌特殊，沿着海岸构成沙脊或沙洲，沙脊或沙洲与海岸间又构成了狭长的凹陷带或海沟，那就必定会产生离岸流。因为这种情况下，波浪有充足的动能漫过沙脊或沙洲进入凹陷带冲上海滩，但回落的海水却因消耗了太多能量难以再越过沙脊或沙洲返回大海。于是凹陷带中的海水会越聚越多，最终大量的海水便从沙脊或沙洲上的某几处较低的缺口冲决而出，形成了强劲的离岸流。

到底是南极更冷还是北极更冷?

北京市东城区灯市口小学
绘画作者：刘思悦
指导教师：李怦然

南极更冷！

南极更冷，南极洲是陆地，北极则是海洋——北冰洋。由于陆地比热小，升温和降温都快，因此冬季的南极比冬季的北极更冷。这是两极温度差异的最重要原因。南极洲是高原大陆，平均海拔为2350米，世界上平均海拔最高的大洲；而北极近三分之二的面积都是海洋，平均海拔仅与海平面相当。正所谓“高处不胜寒”，所以南极气温要相对低一些。这点也是南极比北极更冷的重要因素。南极洲外围还有南极环流，该环流属于寒流，有降温和减湿作用。所以南极大陆内气温偏低。

极地海面上的浮冰是什么味道的?

北京市东城区黑芝麻胡同小学
绘 画 作 者: 刘 思 问
指 导 教 师: 张 建 颖

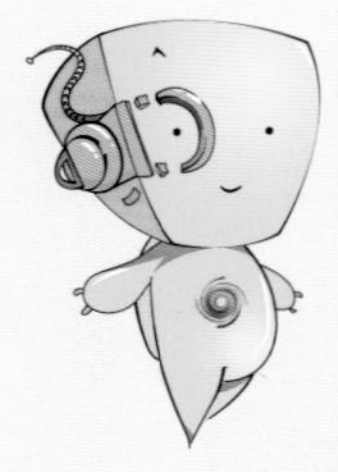

这个味道真的说不准，它们肯定不尽相同，有咸、有淡、有甜。主要是看浮冰的来源，它们各自都有一段自己的故事：有的是年轻的“当年冰”，也就是刚刚冻结上的新冰，有的是已经在海上漂浮了很多年的“万年冰”，有的是或因为狂风、或因为冰下河力量，从陆地上缓慢移入大海的“陆缘冰”。它们都是什么味道的呢？我们都知道，“舌尖上的味道”肯定和“作料”有关系，加糖就会甜，加盐就会咸。海水里因为有大量的盐分，味道已经不是简单的咸了，已经是咸的发苦了。那海冰也是苦的吗？“当年冰”可能会咸一些，但不至于苦。因为它们是由海水迅速结冰而成的。而且关键是结了冰后，海冰直接漂浮在了海面上。即使再怎么翻转，它们还是漂浮着。我们前面说过，“密度越大，重量就越大”，对不对。这说明海冰的密度要比海水的密度小，所以它们才会漂浮起来。密度小了，就意味着“海冰”的肚子里少东西了。那海冰到底少了什么呢？海水里的淡水结成冰以后，海水里的盐还有其他“作料”都被“挤走了”！即使有部分来不及流走的盐分，汇聚在了一起，形成了黏稠的冰激凌一样的“盐卤汁”，就被包裹在海冰的空隙里。而且海冰在迅速结冰过程中，还会包裹一些空气进去，形成气泡。所以海冰肚子里的内容和海水就不大一样了，不但少了很多盐分，还有更轻的气泡。所以海冰比海水轻多了，那当然会漂浮在海面上啦。因此“当年冰”的味道是“有点咸”的。

“万年冰”就不一样了，它们的“盐卤汁”早就随着时间的流逝，从冰缝里“逃跑”了更多，冰的味道就会淡多了。如果是“陆缘冰”的话，那就更不一样了，它们是陆地上的降雪或者降雨冻结的冰层，本身就是淡水冻结而成，味道嘛，真的还会有一点甜哦！

为什么北极和南极不会发生地震？

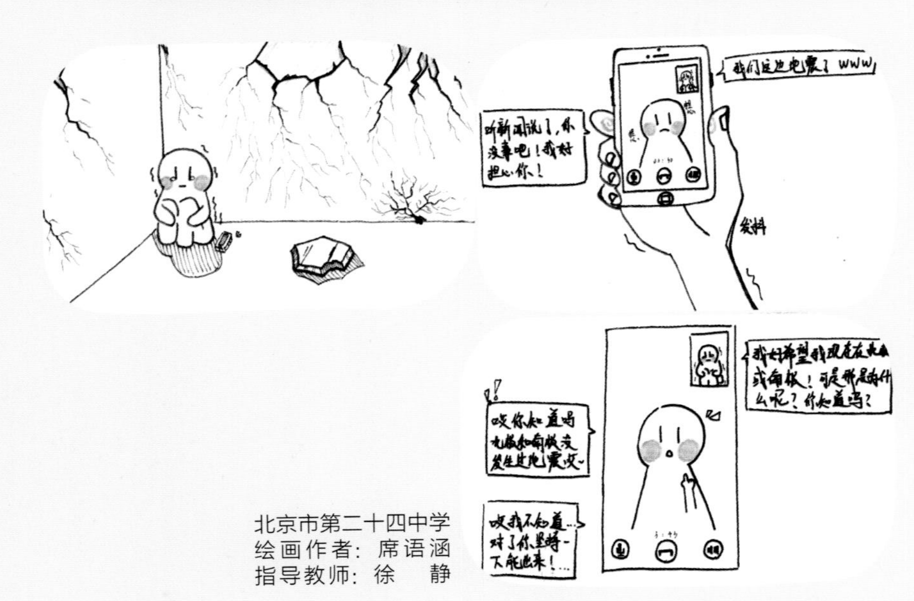

北京市第二十四中学
绘画作者：席语涵
指导教师：徐　静

任何地方都可能发生地震，只是地震的频率和震级有不同而已。在一些地震带上发生的地震震级较大，而且频率也较高，比如环太平洋和青藏高原地区。有些地方，比如陕北、西伯利亚，发生的地震大都较小，而且频率也要低很多。如果定义南极是在南纬 60° 之内的部分，那么会有一些比较大的地震，而南纬 70° 之内的部分其实是很稳定的，只会出现一些小震，频率较低。南极板块孤悬海外，没有人类长期居住，而且人类发明的地震仪比较有效的应用于记录地震也才不过百年的时间，如果此前发生过大地震，那也没能被记录下来，所以大家形成了南极不容易发生地震的印象。

美国地质调查局（USGS）官方网站自 1973 年以来的资料显示南极曾经发生过最高 7.4 级的地震，南极板块位于地球旋转轴上，缺少地震的“触发力”，并且大部分地区都是稳定的地块，大地震发生的周期可达上千年甚至万年，所以平时只是有一些震级较低的地震，而北极地质构造较复杂，构造活动相对活跃，所以地震比南极还要多一些。

海底为什么有火山？

北京市东城区和平里第四小学
绘 画 作 者： 鲍 规 划
指 导 教 师： 周 宏 丽

所谓海底火山，就是形成于浅海和大洋底部的各种火山，包括死火山和活火山，起初只是沿洋底裂谷溢出的熔岩流，以后逐渐上升形成。大部分海底火山喷发的岩浆在到达海面之前就被海水冷却，不再活动了，所以人们从来没有真正看到过海底火山爆发的景象，最多能看到海底的熔岩泉不断冒出新的岩浆形成新的火成岩。地球上的火山活动主要集中在板块边界处，而海底火山大多分布于大洋中脊与大洋边缘的岛弧处。板块内部有时也有一些火山活动，但数量非常少。海底火山分为3类：边缘火山、洋脊火山和洋盆火山，它们在地理分布、岩性和成因上都有显著的差异。海底火山喷发时，在水较浅、水压力不大的情况下，常伴有壮观的爆炸，这种爆炸性的海底火山爆发时，产生大量的气体，主要是来自地球深部的水蒸气、二氧化碳及一些挥发性物质，还有大量火山碎屑物质及炽热的熔岩喷出，在空中冷凝为火山灰、火山弹、火山碎屑。地中海中曾有借助火山灰出现过“火山岛”。

为什么我们拿手捧起海水是透明的，但海面显出蓝色？

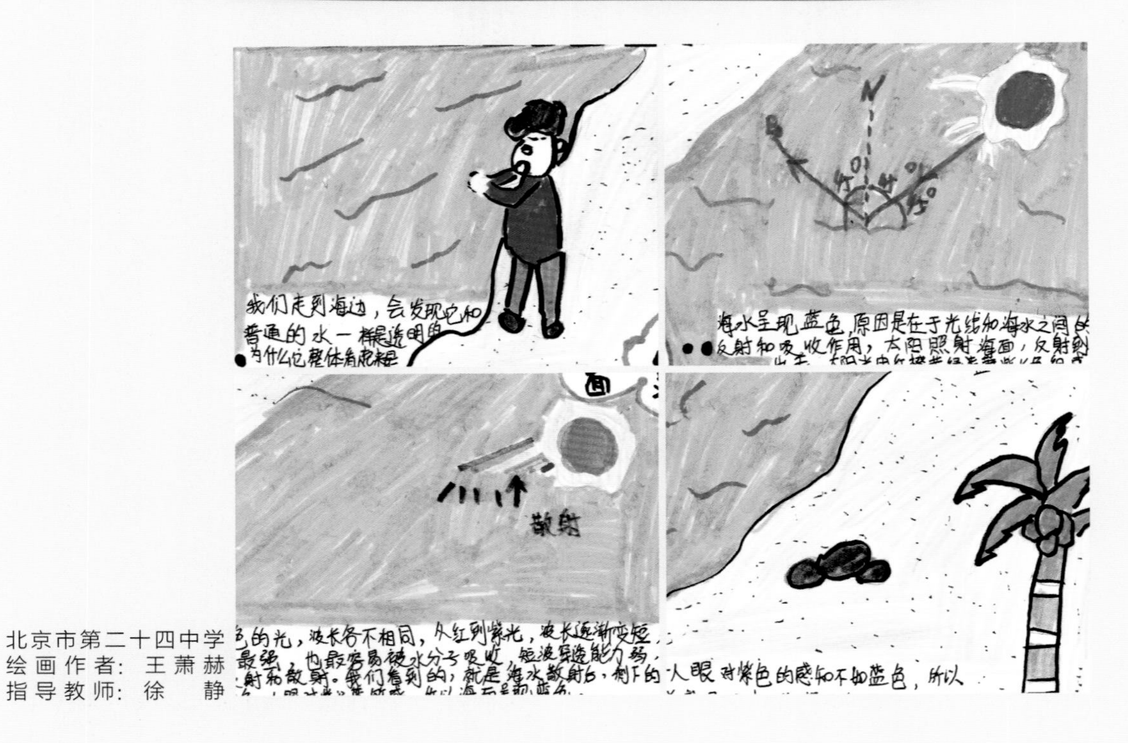

北京市第二十四中学
绘画作者：王萧赫
指导教师：徐　静

其实海水都是无色透明的，我们看到的碧蓝大海完全是因为太阳光的巧手打扮。太阳光由红、橙、黄、绿、青、蓝、紫7种色光组成，它们的光波长短不一，从红到紫，波长逐渐变短。当这7种光在一起肩并肩走的时候，谁也看不出它们的真面目，只有当它们从一种物质进入到另一种物质或遇到细小的障碍物时，才会发生变化。

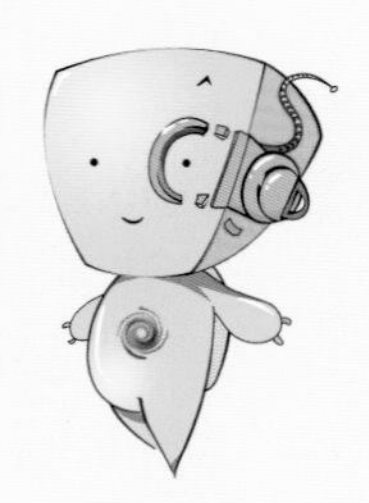

当太阳光照射到海面，波长较长的红光和橙光由于穿透力较强，好像飞毛腿一样，瞬间就进入了海水，而它们在前进过程中，也不断被水分子和微生物所吸收了。而蓝光、紫光由于波长较短，穿透能力弱，一遇到海水的阻碍就纷纷向四面八方散射或反射，于是蔚蓝的大海就呈现在我们眼前。海水越深，被反射的蓝光就越多，所以我们看到的深海就是深蓝色的，又因人类的眼睛对紫光很不敏感，对海水散射的紫光常常视而不见，所以海水不呈现紫色。

北极和南极的重力是一样的么?

北京市崇文小学
绘画作者:王齐越
指导教师:颜 吉

并不一样,南极重力比较大,从地理位置上来说,南极离地心比北极近,根据万有引力公式,引力较大。

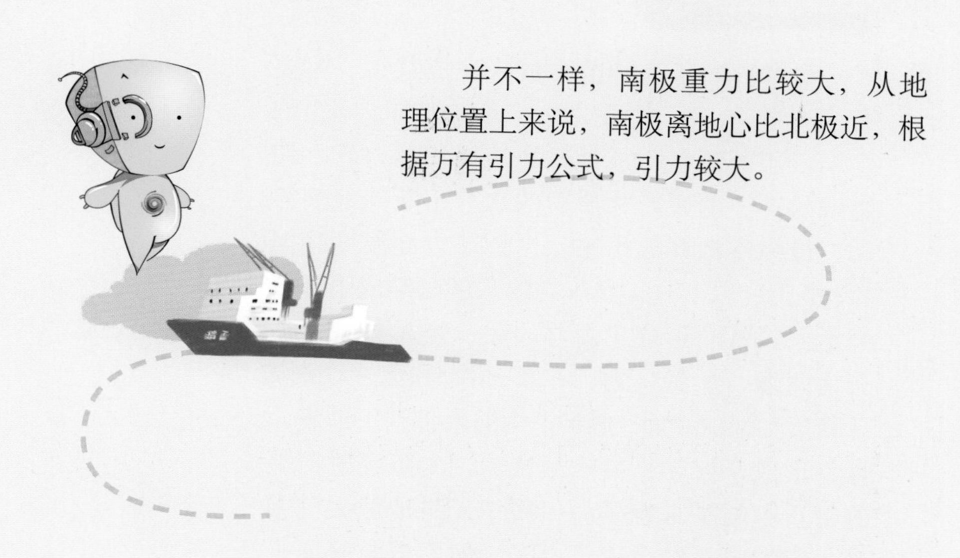

地球上的海洋从何而来?

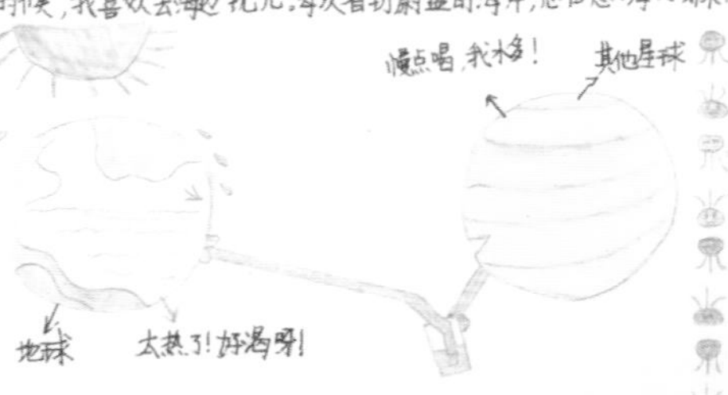

北京市东城区和平里第四小学
绘 画 作 者： 戴 歆 媛
指 导 教 师： 周 宏 丽

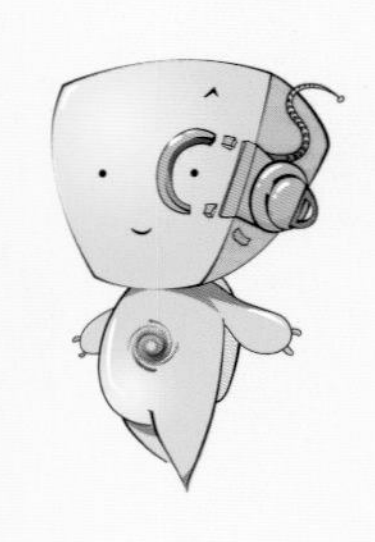

科学界对于海洋的形成未达成共识，主要有两类学说，一是原生说：35 亿年前，宇宙的尘埃云不断凝聚形成地球，地球快速自转，使熔融状态下的原始物质里的水分不断向地表移动，最终逐渐释放出来，当地球表面温度降至 100 摄氏度以下时，呈气态的水就凝结成雨降落到地面，从而形成了海洋。另一类是外来说：分为两派，一派认为，在某一个阶段，大量陨石降落到地球表面，把宇宙中的水带到了地表，最终形成了海洋；另一派认为，太阳辐射带来的带正电的基本粒子——质子，与地球大气中带负电的电子结合成氢原子，然后再与氧原子化合，从而形成了水分子，最终形成了海洋。

到底是南极冷还是北极冷？

东城区青少年科技馆科普社团（青年湖小学学生）
绘 画 作 者：刘 雨 坤
指 导 教 师：牛 广 欣

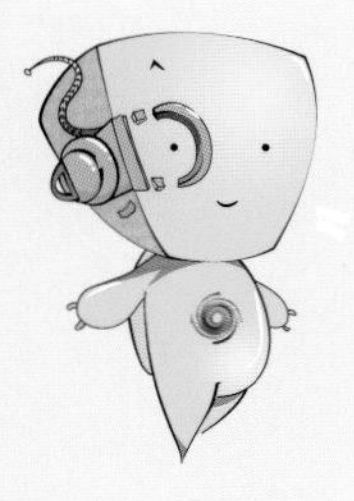

南极比较冷！！！

因为南极地区是一块大陆，储藏热量的能力较弱，巨厚的冰层使南极洲的平均海拔高度达到 2600 米，比地球上其他六大洲的平均高度要高出大约 1500 米。夏季获得的热量很快就辐射掉了，结果造成南极的年平均气温只有 − 56 度。北极地区陆地面积小，大部分为北冰洋，其冰层的厚度仅仅是 1 英尺（约 30.5 厘米）左右。由于海水的热容量大，能吸收较多的热量，所以北冰洋还有一个作用，那就是有效的蓄热池，它能够在冬天的时候利用夏天储存的热能为北极加热。而且热量散发比较慢，所以那里的年平均气温比南极要高，在 8 度左右。

同样的温度，为什么东北感觉比北极还冷呢？

北京市东城区和平里第四小学
绘 画 作 者：杨 子 荻
指 导 教 师：高 颖 颖

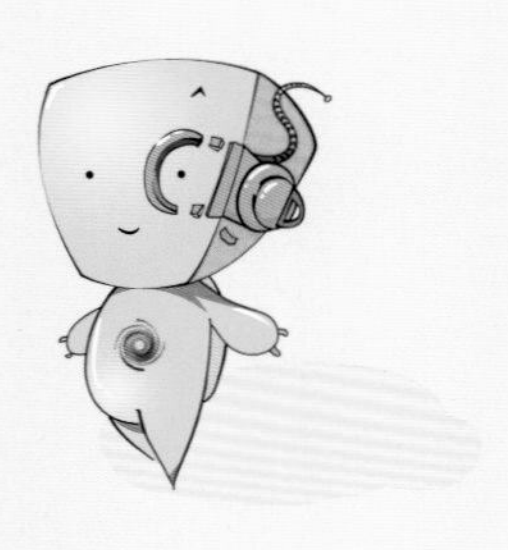

东北处于大陆板块，比热小，升温和降温都快，北极则是海洋——北冰洋，海水吸收夏季阳光储存下来的热量比较大。因此冬季的东北虽然温度与北极相差不多，但是体感温度比在北极更冷，这是两地体感温度差异的最主要的原因。

冰山是从上面开始融化的还是从下面开始融化呢?

北京市崇文小学
绘画作者:魏硕彤
指导教师:张晶辰

冰山都是从下面开始融化的,因为即使是温室效应致使全球气候变暖,但无论何时,水因为吸收了夏天的热量并将其保存了下来,所以温度总是比空气的温度要高。

海底火山的喷发对周围生物有影响吗？

北京市第二十五中学
绘画作者：王若瑜
指导教师：张天一

海底火山喷发时，在水较浅、水压力不大的情况下，常有壮观的爆炸，这种爆炸性的海底火山爆发时，产生大量的气体，主要是来自地球深部的水蒸气、二氧化碳及一些挥发性物质，还有大量火山碎屑物质及炽热的熔岩喷出，在空中冷凝为火山灰、火山弹、火山碎屑。海底火山的喷发，会影响到原有周边生物的生存，但是也会营造新的生态环境，衍生新的生物圈形态。

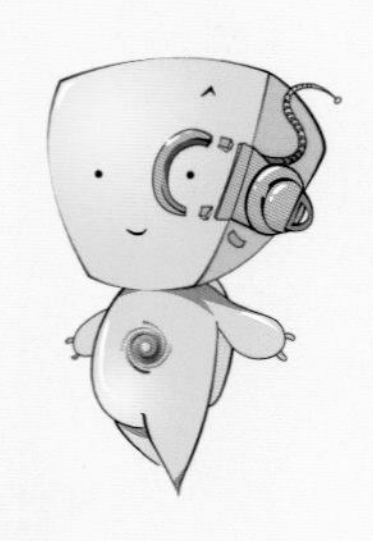

海啸是怎么形成的？有什么危害？

北京市东城区前门小学
绘画作者：吴稼博
指导教师：崔　桢

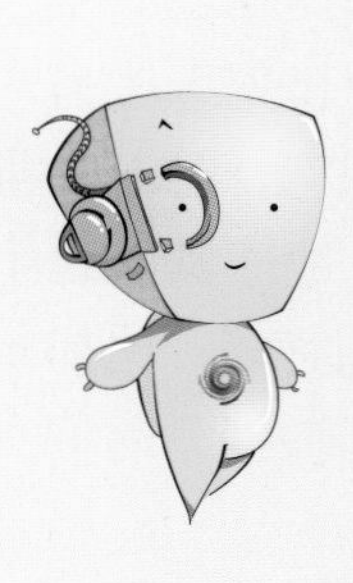

众所周知，海啸的破坏力是非常强大的，通常是由海底地震、滑坡或火山爆发引起。当地震发生时，震源在海底50千米以内、震级在6.5级以上时，海底的地壳发生断裂，有的地方下陷，有的地方升起，引起剧烈的震动，因震荡波的动力引起海水剧烈的起伏，形成长波大浪，并向四周传播扩散，这样就形成了海啸。海底的火山喷发时，激起的海浪高达数十米，也会引起海啸；火山在水下喷发，还会使海水沸腾，涌起大水柱，使大量的海洋生物死亡。此外，有时因海底斜坡上的物质失去平衡而产生海底滑坡现象，也能形成海啸。当海啸产生时，其危害是相当大的。巨大的海浪，伴随着隆隆巨响，以排山倒海之势，越过海岸线，瞬时侵入陆地，吞没所波及的一切，犹如一座“水墙”，吞没良田和城镇，有时反复多次，一退一进，造成毁灭性的破坏，使人们的生命和财产遭受巨大的损失。

2 亿年前南极洲也像现在这样冷吗？

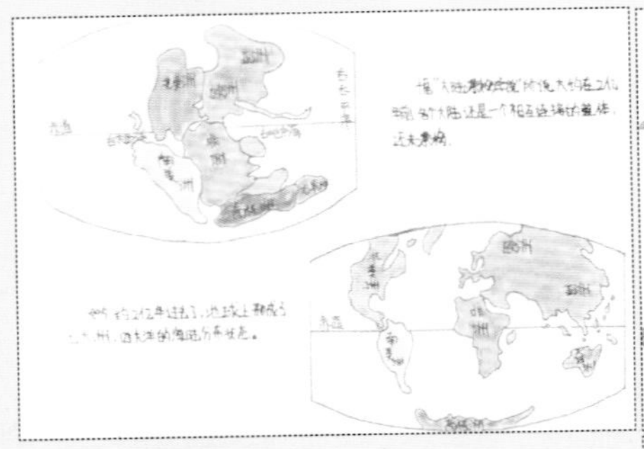

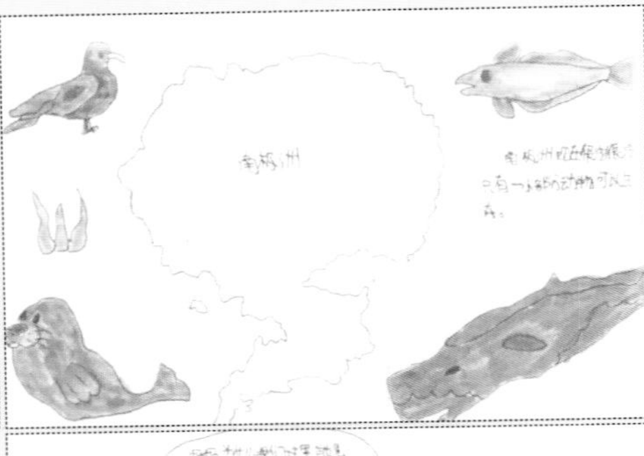

北京市第二十五中学
绘画作者：伍海琴
指导教师：魏　欣

这个问题有点酷，我们一起先思考另一个问题：现在的南极洲长得像一只“大蝌蚪”，那 2 亿年前的南极洲是什么样子呢？地球其实是个活泼的家伙，每天都会做各种“小动作”，比如地震、火山喷发、洋流涌动、潮汐奔腾等。时间久了，地表的模样就会发生很大变化。

2 亿多年前的南极洲比现在可要大得多，那时候地球上总共就两块大陆，就像两块“大蛋糕”，一块叫做“劳拉古陆”，另一块叫做“冈瓦纳古陆”，现在的南极大陆就曾经是“冈瓦纳古陆”的中心。

后来随着地壳不断的变化，两块"大蛋糕"被慢慢"切"开了。今天的南美洲、非洲、印度半岛、澳大利亚等地，都是"被切走的蛋糕块"，它们一路北上，剩下南极洲板块留在了原地。按照地质年代计算，2 亿年前正处于侏罗纪时代，1986 年，科学家在南极洲第一次发现了恐龙化石，称之为"南极甲龙"，随后也陆续发现其他种类的恐龙化石。不仅如此，他们还发现了 2.5 亿多年前的树干化石，属于二叠纪晚期，也就是恐龙出现之前的时期，从这些植物化石上还能够看到树干的年轮，推测出它们属于落叶植物。因此，科学家推测，2 亿年前的南极洲并非极寒的气候，很可能属于温带气候，森林绵延，绿草如茵，恐龙很适应这里的生活。

因为被孤立，南极大陆的周围渐渐被"魔鬼西风带"所环绕，一刻不停地吹着凛冽的寒风。当极夜来临，长时间没有阳光照射，南极就一年比一年更加冷。雪上加霜的是，在 1400 万年前的"新近纪"的"中新世"时期，严重的全球性二氧化碳浓度降低事件使南极大陆的地表温度急剧下降，形成了穹顶状的冰盖覆盖在南极大陆上，就像给南极戴了一个"冰帽子"一样，极端的气候就这样形成了，南极最低测量温度曾经达到过零下 89.2 摄氏度，真是想一想都觉得被冻住了呀。

为什么海洋永不干涸呢?

北京市东城区和平里第一小学
绘 画 作 者: 赵 子 馨
指 导 教 师: 田 楠

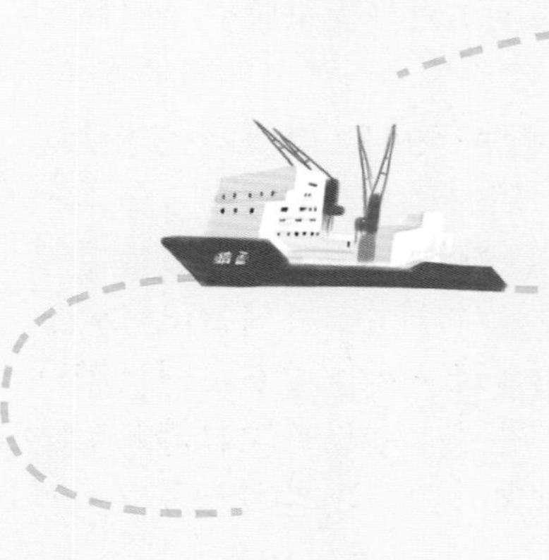

河流会干涸，湖泊也会干涸，但几乎没有人看到过海洋干涸，当太阳照射到海面而使它的温度升高时，大量的水被蒸发到空气中形成看不到的水蒸气。据科学家测算，每年从海洋上蒸发到空中去的水量约达447980立方千米，这些水的极大部分，约411600立方千米在海洋上空凝结成了雨雪，重新落回海里;另一部分形成在地面上的雨雪，汇集到江河，江河又将它送回海洋，如此循环不已。所以海水就得到不断地补给，看起来永远不会干涸。但其实地球上并没有新的水在生成，只是相同数量的水在重复被利用，而这些水可能也在慢慢损失，所以海洋干涸的速度只是很慢很慢。

南极和北极有什么区别?

北京市第二十四中学
绘画作者：陈晓月
指导教师：徐　静

在地质构造方面：南极和北极是地球的两极，即地球的两个极端地区，虽然都有着严寒的气候和冰冷的海水，但南极是块大陆，就是南极洲，它被海洋所包围；而北极大部是一块海洋，叫北冰洋，它被大陆包围，这是南极和北极在地质上的区别。

在气候方面：南极气候比北极更寒冷，因为南极大陆平均海拔 2300 多米，海拔越高气温就越低，根据气象资料记录，南极点年平均气温为－49 度，在冬季，南极点平均气温低为－78 度，而最低气温达到－89.2 度；北极是大陆包围的海洋，海拔基本上处于与海平面持平，海洋的热容量大，能吸收较多的热量，但散发也慢，因而温度不会降得太低。根据气象资料记录，北极点年平均气温为－23 度，在冬季，北极点平均气温为－34 度，最低气温为－59 度。

在生物群落方面：南极圈内没有草更没有树木，仅有苔藓和地衣等低等植物；北极圈内则不同，有些地方不但有草原有鲜花还有森林。另外，南极的代表性动物是企鹅，北极的代表性动物是北极熊。

在国家属性方面：南极境内没有国家，也不属于任何一个国家，没有军事基地，没有常驻从事生产与生活的人口，有些考察站虽然有人坚持常年考察，但要进行轮换。北极有挪威、丹麦、加拿大、美国、俄罗斯、芬兰、冰岛、瑞典等 8 个国家的领土伸入其境内，并且设有军事基地，不但有常住人口，还有多个城市，如挪威的特罗姆瑟，位于北纬 69 度 39 分，东经 17 度 57 分，是世界上最靠北的城市。

在自然资源方面：南极矿藏丰富，没有被开采；北极的煤炭、石油矿藏均有所开采，有的已达百年左右。

为什么会形成海啸?

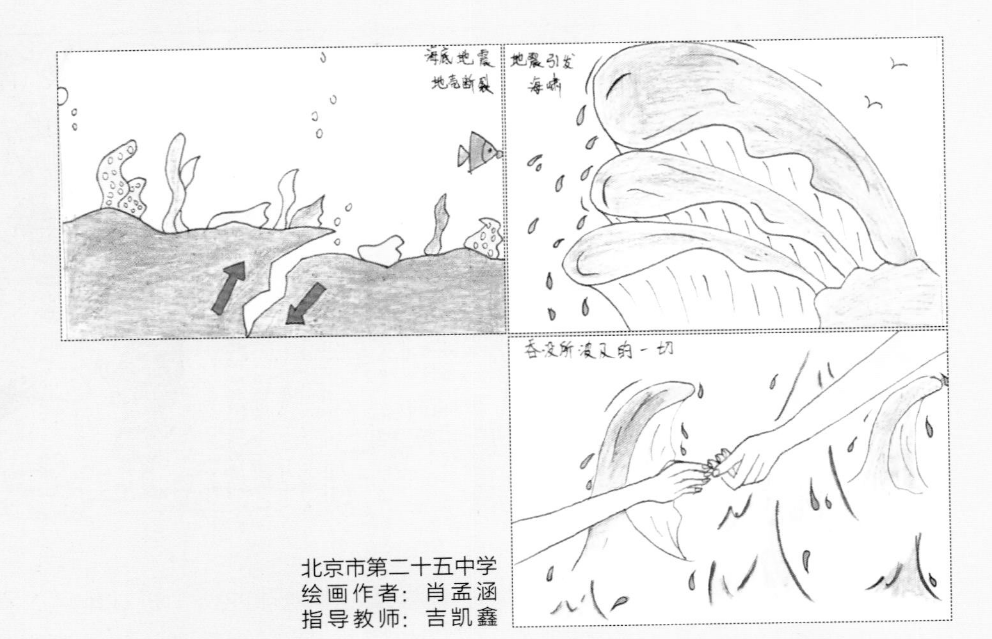

北京市第二十五中学
绘画作者：肖孟涵
指导教师：吉凯鑫

海啸是一种具有强大破坏力的海浪，一般是由震源在海底下 50 千米以内的地震引起的。水下或沿岸山崩、火山爆发、水下塌陷滑坡等也可能引起海啸。在离海岸较远的海里激起的浪比较弱，当到达浅海时海浪会因为受到阻力而竖起一道巨浪，再急速冲下，由此带来一场巨大的海啸灾难，并侵蚀岸边区域。

没有阳光的深海沟是否有生命？他们靠什么生存？

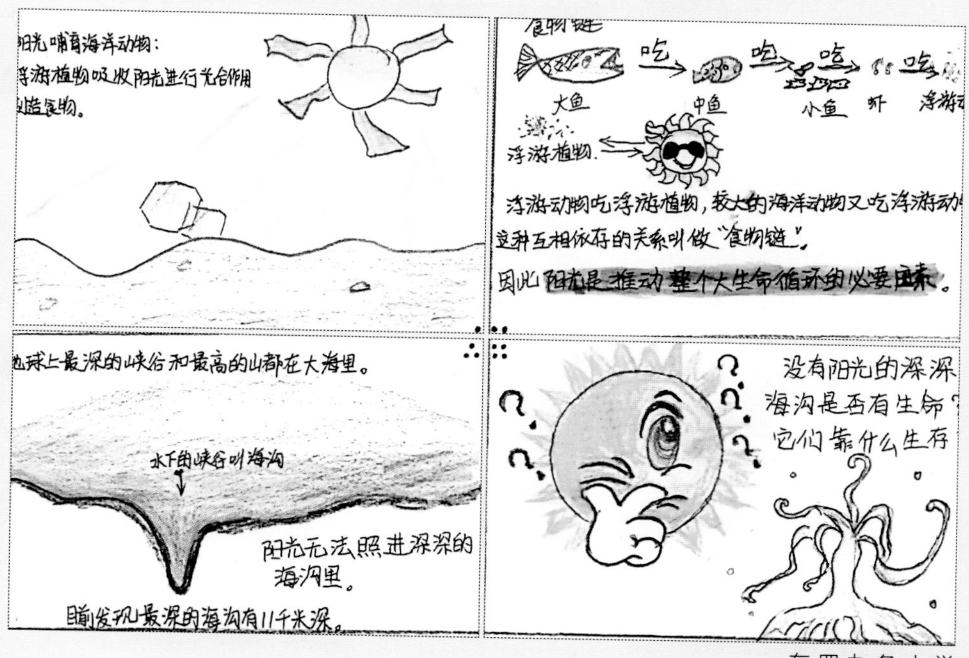

东四九条小学
绘画作者：郑嘉熠
指导教师：任立鹏

深海沟中生活着大量可以从化学反应中捕获能量的微生物，称为化能自养微生物。它们有的喜欢“吃”甲烷，有的偏爱“吃”氢气，有的则喜好金属离子。化能自养微生物的大量繁殖，为深海动物提供了充足的食物来源，从而在深海形成了完全不依靠太阳光的独特生物群落。

海底为什么会有古城遗迹呢？

北京市第一师范学校附属小学
绘 画 作 者：熊 易 轩
指 导 教 师：齐 然

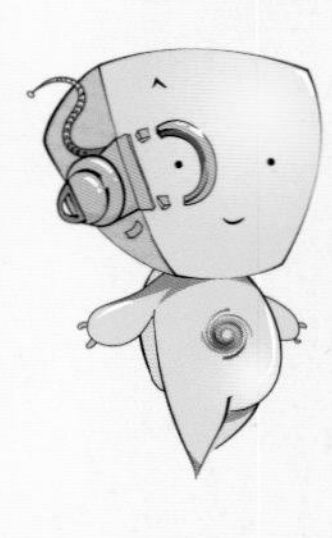

在意大利的那不勒斯湾沿岸，至今还保留着 3 根大理石柱，每根石柱上都有被海生动物剥蚀的痕迹。这是公元 4 世纪前所建造的一座古庙所遗留的石柱。这座古庙并不是在海底建造的，是在陆地上建造的，后同古城一起沉陷到海底的，之后再升起来，才留下这样的痕迹。同学们一定觉得奇怪吧。一个庞大的城镇哪能轻易地沉到海底去呢？其实并不奇怪，直到今天也有这样的现象，荷兰的海岸每年下沉 2 ～ 3 毫米，而有些陆地下沉得更多。地壳的上升和下降经常在缓慢地进行，这种缓慢的变动人们是不会感觉到的。地壳除了缓慢而微弱的上升和下降之外，还会有突然而剧烈的变动。而这种突然而剧烈的变动，会使地上的建筑被搬到海里去。在 1692 年美洲中部的牙买加岛就发生过一次由地壳运动而引起的强烈地震，当时岛上的首府罗叶尔港的 3/4 沉入了海底，许多年后，在风平浪静的日子里，当船只驶过这座水底城市的顶部时，人们还能看见淹没在水下的一幢幢房屋呢。

目前，这些海底古城遗迹已成为考古学家和地理学家追踪的对象，从那里可以挖掘出一些古代文物来推测当年的物质文明，同时沉陷的古城也是一本地壳变动的活记录。也可能有一天，古城随着地壳的上升会重新露出水面。

海龙卷能给我们带来惊喜吗?

北京市东城区回民实验小学
绘画作者：张冠仪
指导教师：舍　梅

俗称龙吸水或龙吊水等。水龙卷(waterspout)是一种偶尔出现在温暖水面上空的龙卷风，它的上端与雷雨云相接，下端直接延伸到水面，一边旋转，一边移动。饱含水气快速旋转的气柱状水龙卷，危险程度不亚于龙卷风，内部风速可超过每小时200千米。据悉，水龙卷会对珊瑚礁以及海洋生物造成巨大危害。

海洋蓝洞是怎样产生的?

中央工艺美术学院附属中学
绘 画 作 者: 李 徐 宛 怡
指 导 教 师: 陈　　　华

从形成的过程来看，蓝洞可以由两种不同的地质作用形成。第一种是石灰岩溶洞成因：当海平面降低时，露出水面的石灰岩或礁灰岩岛屿，由地表水的长期溶蚀作用而形成的喀斯特竖井，里面有石笋、石钟乳等地质现象，到当海平面再度升高时，竖井充进海水，就形成了蓝洞。我们现在看到的蓝洞多属于此种类型。第二种是珊瑚礁生长成因：以澳大利亚西南外陆架的豪特曼 - 阿布罗尔霍斯珊瑚礁蓝洞为代表，它的成因是 20 世纪 90 年代后期由一位海洋生物学家提出的，自距今 1 万年的全新世以来，该海域的珊瑚礁生长迅速，许多快速生长的较小尖礁形成棘状突起并聚集在一起，最后形成近似圆形的洞，洞的内部水环境对珊瑚的生长有显著影响，而外部的水环境则有利于珊瑚生长，内外共同发展逐渐形成了水深较大的蓝洞。

为什么南极北极的极昼极夜是相反的呢？

北京市第五十五中学
绘画作者：马逸辰
指导教师：陈海文

可以通过一个小实验说明，第一步：需要一个手电筒、一个牙签、一个山楂。用牙签穿过山楂，就叫它“糖葫芦地球”吧。假如牙签尖尖的那头是“糖葫芦地球”的北极，另一头就是南极。关掉灯，打开小手电筒，照向“糖葫芦地球 ”。当你竖直举着“糖葫芦地球” 时，手电筒的光柱正好和牙签是垂直的。你会发现“ 糖葫芦地球 ”正好一半是“白天”，一半“黑夜”。处于“糖葫芦地球” 的 “南北极” 位置也一样。想象一下，你是生活在“糖葫芦地球 ”上南北极的“小糖葫芦居民”，好像一天下来，也是白天黑夜交替，并没有特别之处。除非是在南北极点上，就是牙签的最尖处和最平处，好像在这两个地方，小手电筒的光总能照到，“糖葫芦地球”的南北极全都是“极昼”，压根就没有“极夜 ”。

第二步：调整“糖葫芦地球”的角度，让牙签和手电筒的光柱，保持一定的夹角，最好是60度左右，你就会发现，“糖葫芦地球”的南北极出现了变化，一边手电筒照不到了，一边手电筒完全照亮了，这就是“极昼”和“极夜”出现的原理。无论你怎么旋转牙签，你的“糖葫芦地球”的“南北极”总有一端是照不到的，一端是全照亮的。此刻你看到的“北极”是黑暗的，“南极”是明亮的。

第三步：让一个人帮忙拿好手电，让光线始终照在“糖葫芦地球”上，另一个人拿着“糖葫芦地球”并且保持刚刚那个夹角，开始围着手电筒走路转圈，正如地球围绕太阳旋转一样。当你走完“半圈”的时候，你会发现，刚刚黑暗中的“北极”此刻被照亮了，刚刚被照亮的“南极”，此刻就变黑暗了，再继续走半圈，回到刚刚的位置，又恢复了“北极”黑暗和“南极”明亮。这里的“半圈”其实就是地球围绕太阳公转的时间，在我们时间概念里这就是“半年”。手电筒就是太阳，太阳照射“糖葫芦地球”的光柱转一圈的平面就是地球公转的平面。“糖葫芦地球”上的牙签就是地球的“自转轴”。当牙签与手电筒有夹角的时候，也就是地球的自转轴和地球公转平面有夹角的时候，地球的南北极总有一边“照不亮”，而另一边就会变成“全照亮”，所以南北极的极昼极夜总是相反的。

北极为什么会发生极夜这种现象？

北京市第二十五中学
绘画作者：李天一
指导教师：宋嫣然

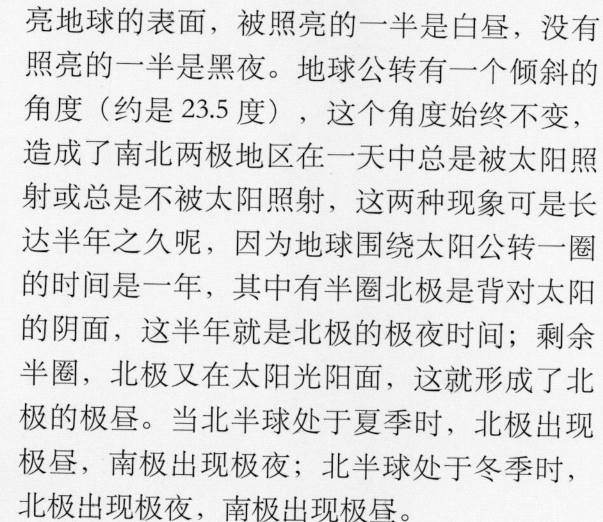

地球是一个不透明的球体，太阳只能照亮地球的表面，被照亮的一半是白昼，没有照亮的一半是黑夜。地球公转有一个倾斜的角度（约是 23.5 度），这个角度始终不变，造成了南北两极地区在一天中总是被太阳照射或总是不被太阳照射，这两种现象可是长达半年之久呢，因为地球围绕太阳公转一圈的时间是一年，其中有半圈北极是背对太阳的阴面，这半年就是北极的极夜时间；剩余半圈，北极又在太阳光阳面，这就形成了北极的极昼。当北半球处于夏季时，北极出现极昼，南极出现极夜；北半球处于冬季时，北极出现极夜，南极出现极昼。

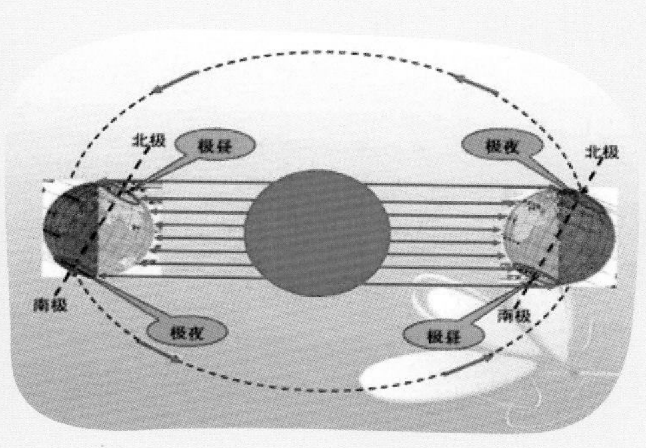

海水淡化会让海水变得更咸吗?

北京市东城区前门小学
绘画作者：王淳田
指导教师：崔　桢

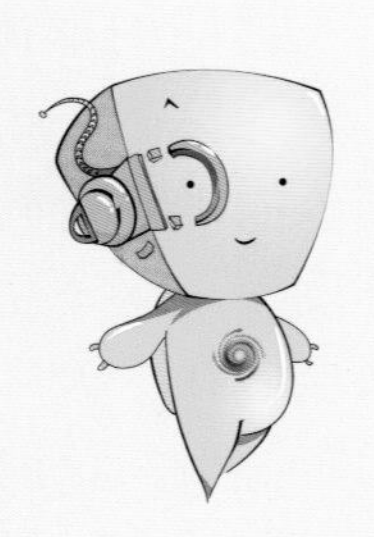

一般不会，海水淡化后得到的是淡水和浓水。浓水盐度高于普通海水是毫无疑问的，但就算所有浓水直接排放回海洋，那它的数量和周边海域的海水量相比还是极少的，单就从这点来说海水总体盐度应该不会产生很明显的变化，并且大多数的淡化水经各种渠道还是会回归到海洋里，如果不计这过程中的淡水损失，你完全可以把它看成是海水在陆上水、盐分离，又在海中水、盐结合成了原来的样子。

生物海洋

海马为什么叫海马不叫马鱼呢?

北京市第二十五中学
绘画作者：刘欣悦
指导教师：魏　欣

海马确实是一种特别的鱼类，鱼类大多是横过身子，依靠背鳍和尾鳍左右和上下摆动来推动自身前进的，而海马是靠胸鳍和背鳍的扇动，加上尾鳍的伸屈来前进的，这种直立式的游泳方式很像骏马在草原奔驰的姿态，而且，海马的头部又酷似马头，因此就被称为海马了。

鱼会不会因为生活在高盐度的环境而生病?

北京市第二十五中学
绘画作者：李欣怡
指导教师：魏　欣

海洋鱼类除了从食物中获取水分外，它们会大量地吞饮海水，吞下的海水在肠壁渗入血液后水分大多被截留，盐分则会由鳃上面特殊的泌盐细胞排出体外；其次，鱼类全身都覆盖着鳞片，可以减少水从体表渗出。所以海洋鱼类的体液盐的浓度都是低于海水盐度的，这样很少会生和高盐有关的疾病了。

狗鲨和大青鲨谁会主动攻击人类?

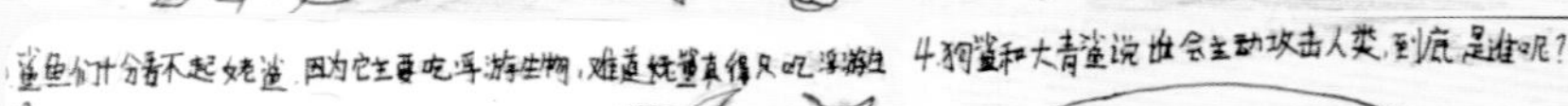

定 安 里 小 学
绘画作者：张怀宇
指导教师：彭艳娟

大青鲨是鲨鱼的一种，性情凶猛，游动敏捷，是栖息于大洋上层大型鲨鱼，偶可见于沿海水域，曾有报道出现于河口区。常见于海面，贪食鱼群、鱿鱼和其他鲨鱼。对其他海洋动物和人类都具有主动攻击性。大青鲨主要活动在热带各大洋中，太平洋、印度洋、大西洋都有它们的身影，最喜欢在鱼群中猎食，其中乌贼和鱿鱼是它的最爱，当然鲨鱼嘛，都是走到哪吃到哪，从不挑食，蟹，虾，鱼，海鸟，海龟，硬骨鱼，哺乳鱼种，甚至腐肉，可以说在整个海洋中一切能动的生命都是它的食物，随机捕食性很强，这也是青鲨可怕的原因之一。阿尔巴尼亚，美属萨摩亚，哥伦比亚，北马里亚纳群岛等多地都出现过大青鲨主动攻击人类的事件，曾有小型渔船捕鱼时遭到大型青鲨撕咬船体，甚至追击，使得多地渔民对此鲨鱼惧怕不已。

为什么鲑鱼会洄游呢?

北京市第二十四中学
绘画作者：王若溪
指导教师：徐　静

鲑鱼洄游是鲑鱼种群为了寻求适宜的产卵条件，经过数百年的实践所作出的一致决定。成年鲑鱼一定会在淡水的江河上游或者溪河中产卵，因为这里的水温适宜，食物丰富，水流平缓，利于鱼卵的孵化和幼鱼的成长。它们产卵后再回到海洋生活，每年又要从海洋中逆流而上数千千米，回到出生的地方去进行交配和繁衍。鲑鱼洄游是鱼类在漫长的进化岁月里自然选择的结果，通过代代相传而固定下来的。产生洄游的内因是鲑鱼自身性腺成熟后分泌性激素，使成年鲑鱼产生生殖需要，外因则是温度下降、天敌增多等环境影响，这也成为开始洄游的信号。

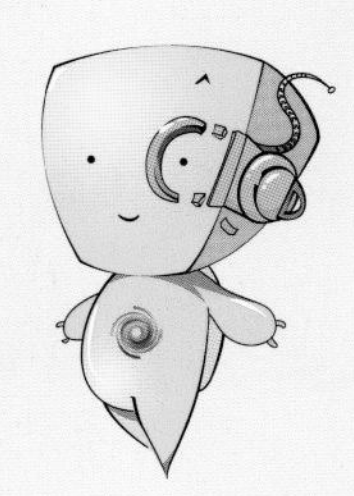

为什么翻车鱼要晒太阳?

北京市第一六六中学附属校尉胡同小学
绘 画 作 者： 杨 若 澜
指 导 教 师： 郭 婕 妤

翻车鱼非常喜欢晒太阳，当天气较好时，它们就会将身体翻转侧躺在海面随风飘游，让阳光照射身体来提高体温，不熟悉的人会认为它们是死的。翻车鱼的身体周围常常附着许多发光生物，只要它们一游动，身上的发光生物便会发出亮光，好像月光洒在海面一样，因此翻车鱼又被叫做“月鱼”。

漫长的冬天，企鹅爸爸不饿吗？

北京市东城区和平里第一小学
绘 画 作 者：万 家 珣
指 导 教 师：田 楠

会饿，但帝企鹅爸爸们并不是毫无准备的，它们作为企鹅种群里体型最大的企鹅，早已在南极温暖的夏季将足够的能量储存在皮下脂肪里。所以企鹅爸爸们看起来一个个“膀大腰圆”，像是被吹得鼓鼓的气球一样。当爸爸们从妈妈脚边接过小企鹅蛋的一刻，它们就像带着“脚镣”的勇士一样，小心翼翼地挪动脚步，互相依偎着挤成一团，抵御南极狂烈的寒风。企鹅爸爸们的皮下脂肪在“燃烧”，确保小企鹅蛋在恒温的情况下顺利生长。等到7、8月份小帝企鹅破壳而出的时候，爸爸们的脂肪能量已经消耗了很多，体重甚至减少了快一半。真是难为它们啦！但此刻爸爸们依然不能松懈，他们虽然已经又累又冷又饿，还是要反刍一些白色分泌物给刚破壳的小企鹅充饥。没过多久，帝企鹅妈妈们就会带着满肚子的食物回来了。直到帝企鹅爸爸们把小帝企鹅交接给妈妈们时，艰巨任务才算真正完成了。此时的南极冬季也进入到尾声，天气开始转暖，海冰开始融化，找寻食物也没有那么艰难了。

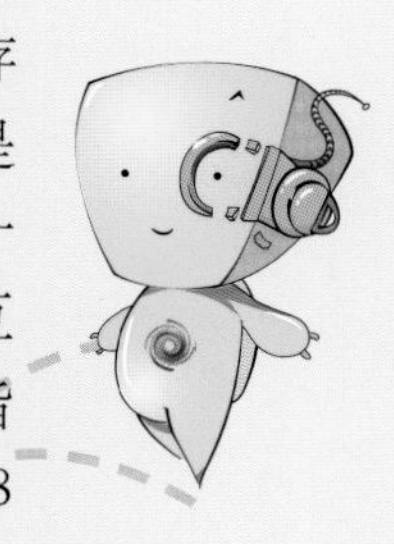

为什么海龟过了很多年，还能找到自己出生的地方？

北京市第一六六中学附属校尉胡同小学
绘 画 作 者： 李 宇 嘉
指 导 教 师： 郭 婕 妤

海龟是通过感应地球磁场进行导航的，幼龟在美国佛罗里达海岸破壳而出后，在大西洋里生活几年，成年后回到出生地进行交配、繁殖，靠的就是头部的磁性“罗盘”。

黑熊到底能不能接受北极熊的邀请去北极呢？

北京市第二十四中学
绘画作者：魏语璠
指导教师：徐　静

不行，黑熊是无法适应北极严寒气候的，它们通常栖息于山地森林，以植物叶、芽、果实、种子为食，有时也吃昆虫、鸟蛋和一些小型的兽类，北极并没有黑熊所需要的丰富食物来源，而且北方的黑熊有冬眠习性，整个冬季蛰伏洞中，不吃不动，处于半睡眠状态，翌年3月至4月出洞活动，如果去了北极，那它们就可能要永远睡觉了。

海豚的智商有多高？海豚比人聪明吗？海豚为什么聪明？

北京市第二十四中学
绘画作者：苗紫闰
指导教师：徐　静

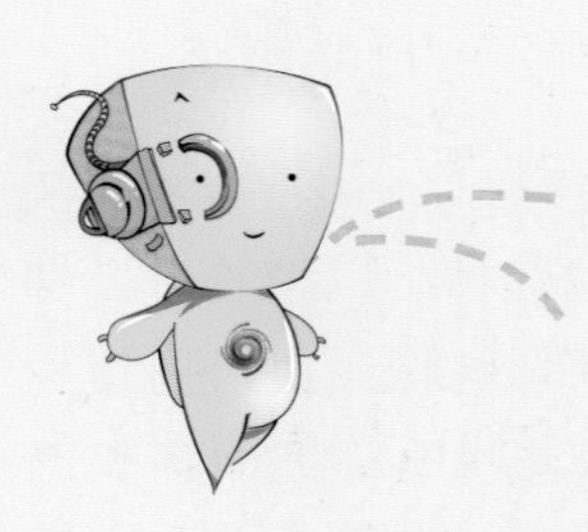

海豚是最聪明的哺乳类动物之一，大脑皮层上也有类似人类脑部的沟回，沟回越多代表智力就越发达。但人类对海豚智商的研究和了解毕竟是有限的。目前，生物学家多数都只是根据海豚脑部解剖学上的特征与人类相对比来推算海豚的潜在能力，比如成年海豚的大脑约重 1.6 千克，占总体重的 1.17%，而人类的大脑约重 1.5 千克，占总体重的 2.1%。其次是根据海豚的行为来观察它们的智商，海豚能够在被人类训练后做出一些难度较高的杂技动作，并根据表演杂技时与人类沟通的情形推测其智慧的高低，但由于人们对它的"抽象思考的能力"还没有科学上的研究数据，所以只能大致推测成年海豚具有相当于3到5岁幼儿的智商。

为什么北极狐、雪鸮、北极兔的毛冬天和夏天颜色不一样？

北京市东城区黑芝麻胡同小学
绘画作者：陈奕霖
指导教师：张建颖

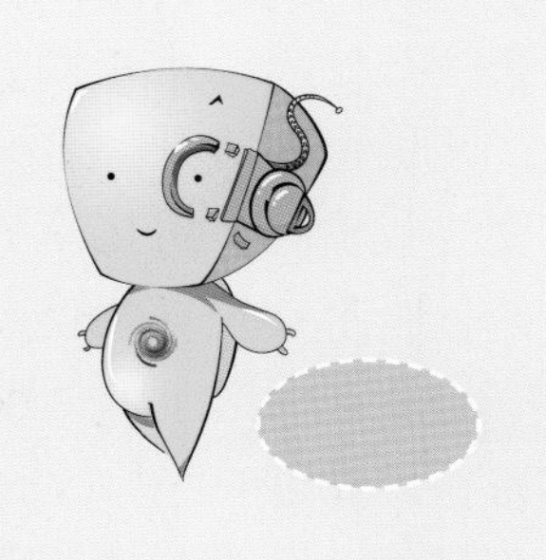

随着季节的变化，动物周围环境发生了很大的变化。在春季和夏季，动物们的栖息地都是绿色的草和棕色的泥地，而到了秋季和冬季，一切都被白色的雪覆盖，就是这样的气候因素，使得在北极区域生活的动物逐步进化出了保护色，季节的更替和毛色的变化都是为了躲避捕食者和天敌，并且不让猎物发现。

企鹅是如何度过漫长的极夜的？

北京市第二十四中学
绘画作者：张露兮
指导教师：徐　静

在南极漫长的极夜里，只有一种企鹅在南极大陆上坚守，就是企鹅家族中体型最大的帝企鹅。其他的南极企鹅都因为害怕寒冷与黑暗，游到北方较为温暖的海域生活，比如阿德利企鹅、金图企鹅、帽带企鹅、王企鹅。当然企鹅家族里还有很多根本不生活在南极的成员，比如生活在新西兰的小蓝企鹅，生活在非洲的黑脚环企鹅，它们的生活环境更加温暖舒适，甚至是炎热的。

在漫漫极夜开始前，帝企鹅会回到它们出生的地方，组建家庭，当有了小企鹅蛋，南极也即将开始全面进入极夜。企鹅妈妈会赶在天空完全黑暗之前去海里寻找食物。孵化宝贝的重任就交给了企鹅爸爸，无论多大的暴风雪，企鹅爸爸都会坚守岗位，永远把企鹅蛋夹到肚子下面温暖的绒毛里，和别的爸爸挤作一团，把头埋在彼此的身体夹缝中，形成一个巨大团队，抵御着狂风暴雪。经过 60 多天的时间，小企鹅们纷纷破壳而出了，爸爸们虽然又累又冷又饿，体重也会降到最低，但它们还会反刍一些白色分泌物给小企鹅充饥，直到企鹅妈妈回来，再换企鹅爸爸们去捕食。就这样，爸爸妈妈交替喂养小企鹅。10、11 月份的时候，极夜渐渐过去，白天越来越长，小企鹅慢慢长大了，出现“幼儿园”一样的小群体，它们也会成群地挤在一起由三五只成年帝企鹅看护着，让企鹅爸爸妈妈们可以一起外出觅食，就这样成功地度过一年的寒冬。

为什么北极海象可以用胡子寻找食物?

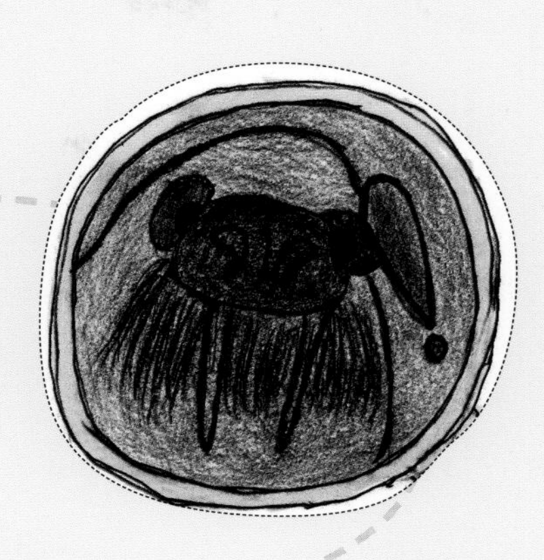

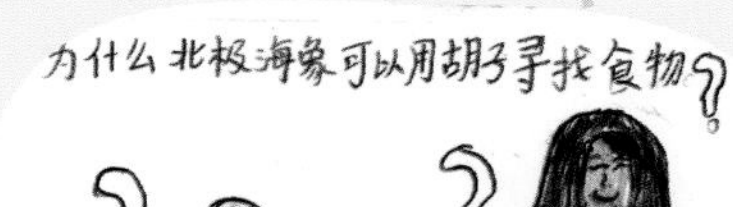

北京市东城区新鲜胡同小学
绘 画 作 者：于 梦 媛
指 导 教 师：王　昭

雄性和雌性海象都有胡子，能够沿着海底定位食物来源。有了它，即使在光线不佳的条件下（如“极夜”季节），“大胡子”海象也能从海底沙中准确无误地捕到食物。

企鹅会不会因为环境的变化而慢慢进化成鸟类或鱼类?

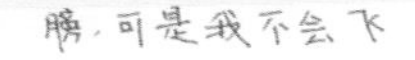

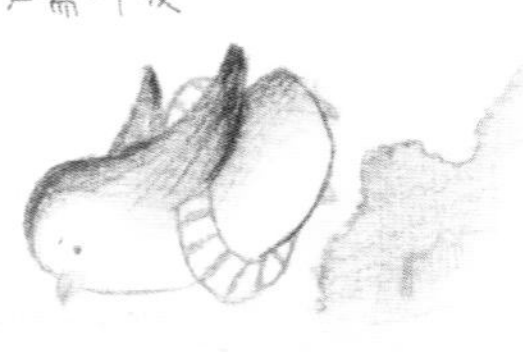

北京市第二十五中学
绘画作者：魏语珂
指导教师：殷　然

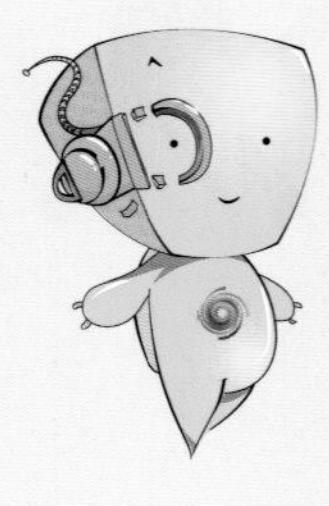

1895年，科学家们发现了古企鹅化石的骨架结构和信天翁的非常相似；20世纪50年代，科学家又发现企鹅的鼻孔管和信天翁的也很相似；20世纪70年代，科学家们通过分析DNA和血液中的抗体，证实了现代企鹅与信天翁确实存在着亲缘关系，它们拥有共同的祖先。以全球变暖的程度和速度来看，两极海冰终将全部融化，不再有冰盖，不再有露出海面的礁石，生活在南极的企鹅们将无家可归，为了生存，它们只有两个选择，要么飞，要么游。

如果选择飞，企鹅需要学习飞行本领，这很难，而且需要很长的时间来改变身体结构；但是游到海里去同样困难，它们需要掌握像鲸一样出水换气的本领，虽然体表有厚厚的脂肪层，可以抵抗深海的低温，但长时间的游泳和抵抗海水的压力也是难以实现的。面对相同困境的还有其他的极地动物，所以，我们通过减少环境污染，保护自然环境，实现海洋的可持续性发展才是保护极地动物的最佳途径。

水母是如何吃食的？

北京市东城区和平里第四小学
绘 画 作 者： 王 曦 菡
指 导 教 师： 高 颖 颖

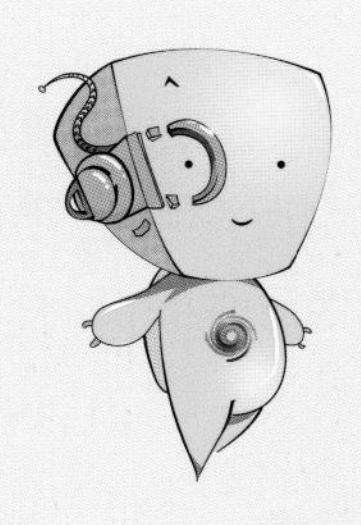

水母通过触手过滤捕捉到微小的浮游生物，或者用触手上的刺细胞毒晕鱼虾之类的海洋动物，再用触手把它们“捆绑”起来送到伞状体下方，靠纤毛作用把食物送进嘴里及胃腔里面。水母没有消化系统，只有最原始的消化器官，所以它们胃丝上的腺细胞会分泌出消化酶，以最快的速度分解蛋白质，从而消化食物。

为什么鲸鱼会喷水?

中央工艺美院附中艺美小学
绘 画 作 者：郑 舒 心
指 导 教 师：索 颖

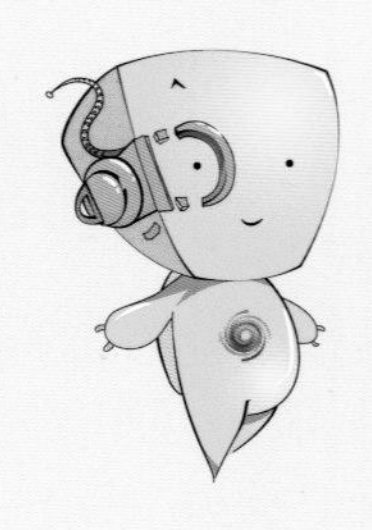

“鲸”字的偏旁有个“鱼”字，因此许多人也叫它“鲸鱼”，但鲸却不是鱼，它是大型的海洋哺乳动物。鲸的鼻子没有鼻壳，鼻孔开口在头顶两眼中间，有的种类两个鼻孔靠在一起，有的是两个鼻孔并成一个孔。通常鲸在水中可以呆十几分钟，然后就需要浮出水面透一透气。再换气时，先要把肺中大量的空气排出来，由于强大的压力，喷气时发出很大的声音，有时像小火车的汽笛声。强有力的气流冲出鼻孔时，把海水带到空中，在蓝色的海面上就出现了喷水。在寒冷的海洋里，因为那里的空气比鲸肺内的空气冷，从肺中呼出的湿空气因变冷而凝结成小水珠，也能形成喷水。鲸在深水里时，肺中空气受到强烈的压缩，压缩的空气有力地扩散就产生了喷泉一样的效果。各种鲸喷出的水柱，其高度、形状和大小是不同的，海洋工作者还可以根据喷水发现鲸类，并判别鲸的种类和大小呢。

鲸鱼为什么头那么大?

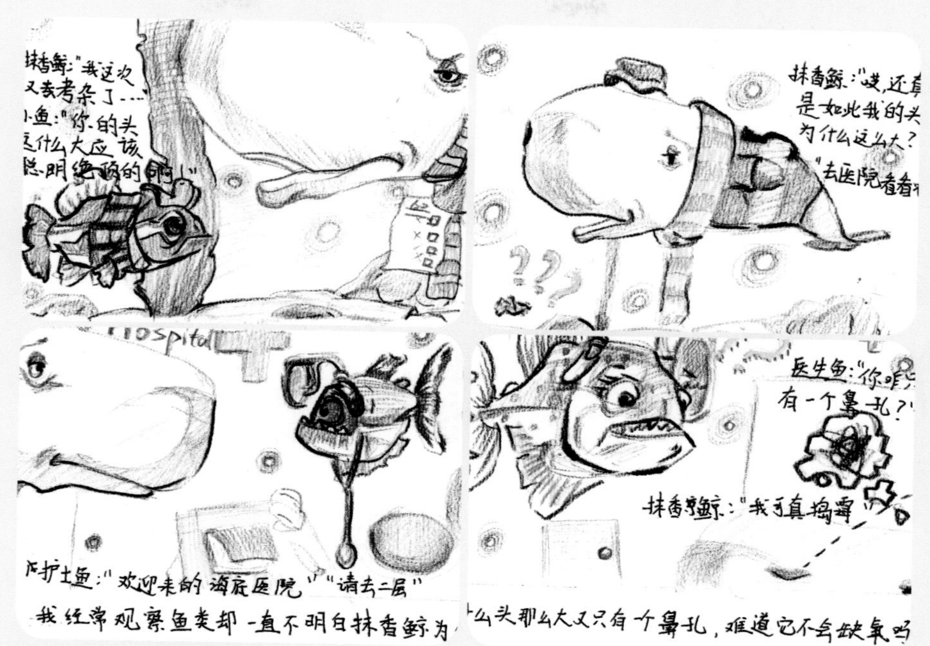

中央工艺美术学院附属中学
绘 画 作 者: 刘 任 杰
指 导 教 师: 刘 宇 鹏

头骨的大小由遗传因素和生活环境决定,鲸鱼为了适应海洋的生活,体型巨大,当然头就大咯。

北极燕鸥迁徙时为什么要飞那么远？它们又是怎样知道自己的目的地的呢？

中央工艺美术学院附属中学
绘 画 作 者：段 俞 宏
指 导 教 师：刘 起 成

北极燕鸥分布于北极及其附近地区，是地球上已知的迁徙路线最长的动物，每年都能完成一次往返于地球南北两极之间的旅途，全程最远达 9000 千米，目前还没有研究资料可以完全解释北极燕鸥选择如此漫长旅途的原因。但最大的原因应该是食物，因为南北极的夏季有不间断的太阳光照射，冰川解析出的大量矿物质带来的丰富营养和较冷海水具有的高浓度二氧化碳使得海洋藻类大量繁殖，并成为大量鱼类、磷虾、浮游动物的食物，因此给北极燕鸥们带来了充足的食物来源。在漫长的迁徙途中，北极燕鸥辨别方向的绝招是它们聪明地利用了太阳的轨迹、暮光中的偏振光、地球的磁场这些因素，始终朝着正确的方向并以最短的路线前进，直到抵达目的地。

虎鲸为什么对人类很友好?

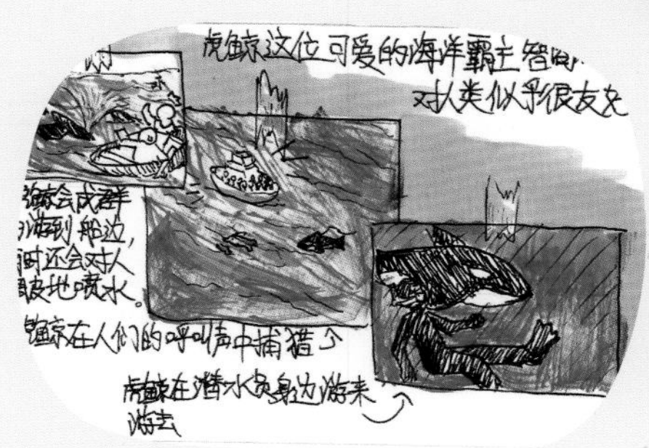

中央工艺美术学院附属中学
绘 画 作 者: 纪 晓 柔
指 导 教 师: 刘 宇 鹏

虎鲸也称“杀人鲸”，有相当于人类5岁孩子的智商，是鲨鱼的天敌，非常凶猛，但它们对人类却常常表现出某种友好，就连野生的从未见过人类的虎鲸，看到人类后也会自觉地游过去和他们一起玩耍，让人感到很温馨，尤其当碰到人类溺水，虎鲸们经常还会主动营救。生物学家们通过研究发现，虎鲸是一种非常挑食的动物，它们的食物主要来自海洋，生活在陆地的人类并不在它们食谱之中，甚至在虎鲸的眼里，人类是很柔弱的“小朋友”，需要它们的保护。还有人认为虎鲸的祖先和人类的祖先曾经有过友好的感情，随着基因记忆遗传了下来，所以现代虎鲸仍然把人类作为朋友看待。但其实野生动物都不是绝对安全的，碰到虎鲸时候我们仍旧需要保持安全距离。

旗鱼的背鳍是如何收起来的？它是怎么吃到被它扎中的鱼的？

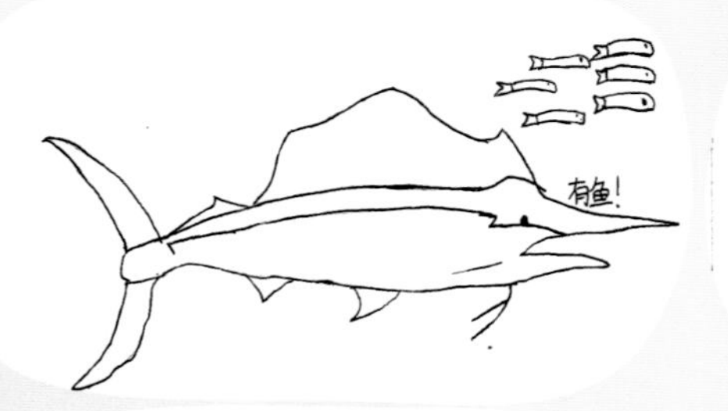

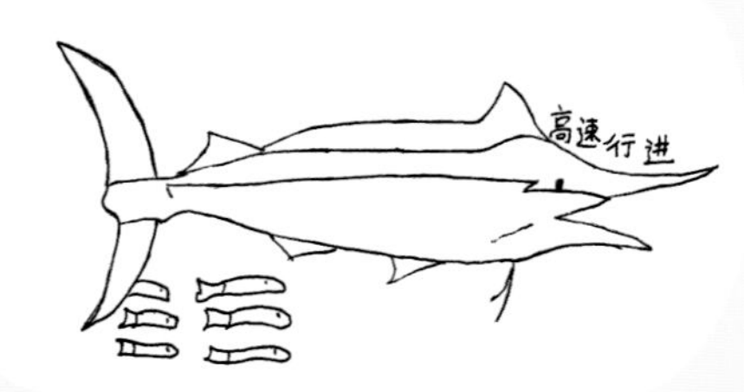

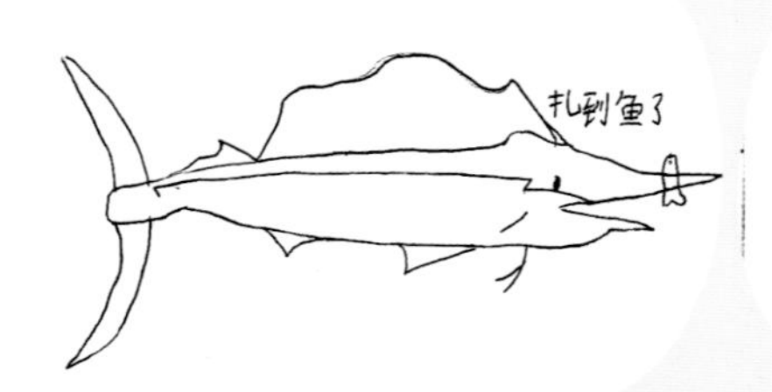

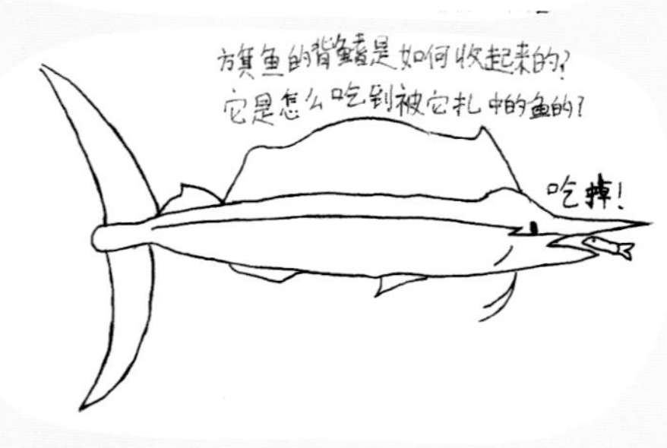

北京市东城区新鲜胡同小学
绘 画 作 者：贺 子 胤
指 导 教 师：朱　 舸

旗鱼的背鳍会降下到背部的凹槽中以减少阻力，提高游速。生物学家推测，旗鱼用尖嘴进行攻击后，会用力把猎物甩下来，再张大布满小牙的嘴巴，迅速咬住食物。

小海马到底谁生的?

北京市东城区和平里第四小学
绘画作者：毕佳琪
指导教师：何燕玲

繁殖季节，海马爸爸的体侧腹壁向体中央线上发生皱褶，慢慢地合成宽大的“育儿袋”，因为海马妈妈身上没有育儿袋，海马妈妈就将卵产在海马爸爸的“育儿袋”里，产卵总数约百粒左右，卵就在海马爸爸育儿袋里进行胚胎发育，等到幼海马发育完成，海马爸爸就开始“分娩”出小海马了。

为什么海马是爸爸生育宝宝?

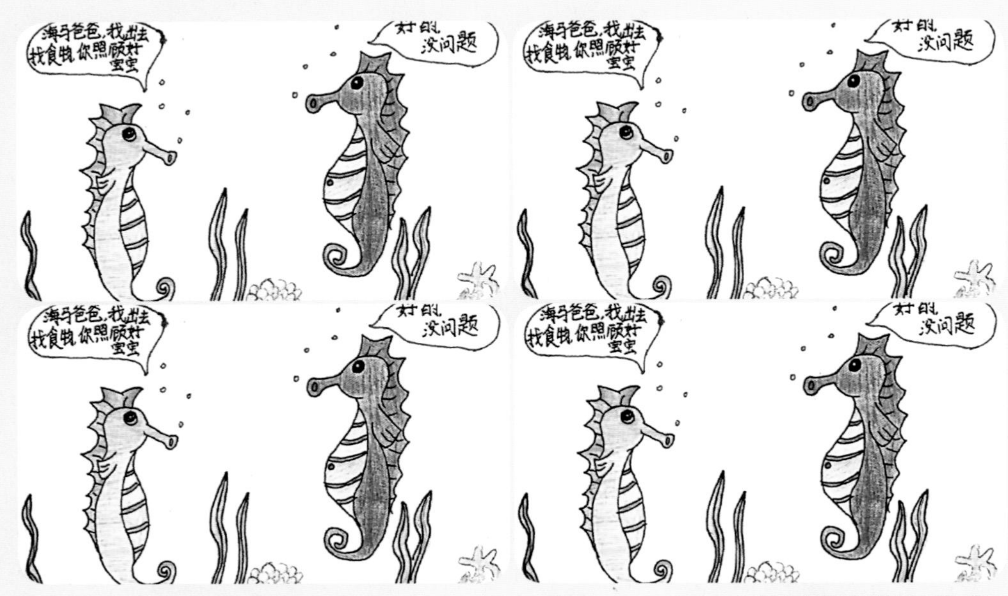

北京市东城区灯市口小学
绘 画 作 者： 冯 若 林
指 导 教 师： 李 怦 然

海马的卵来自于海马妈妈，海马妈妈把卵放到海马爸爸的体内，海马是雄性孵化。每年的 5 月 - 8 月是海马的繁殖期，这期间海马妈妈把卵产在海马爸爸腹部的育儿囊中，卵经过 50 ～ 60 天，幼鱼就会从海马爸爸的育儿囊中放出，所以说是海马爸爸负责育儿，因为他有育儿囊。

如果我们继续破坏海洋的生态环境，还会给我们提供宝贵的资源吗？

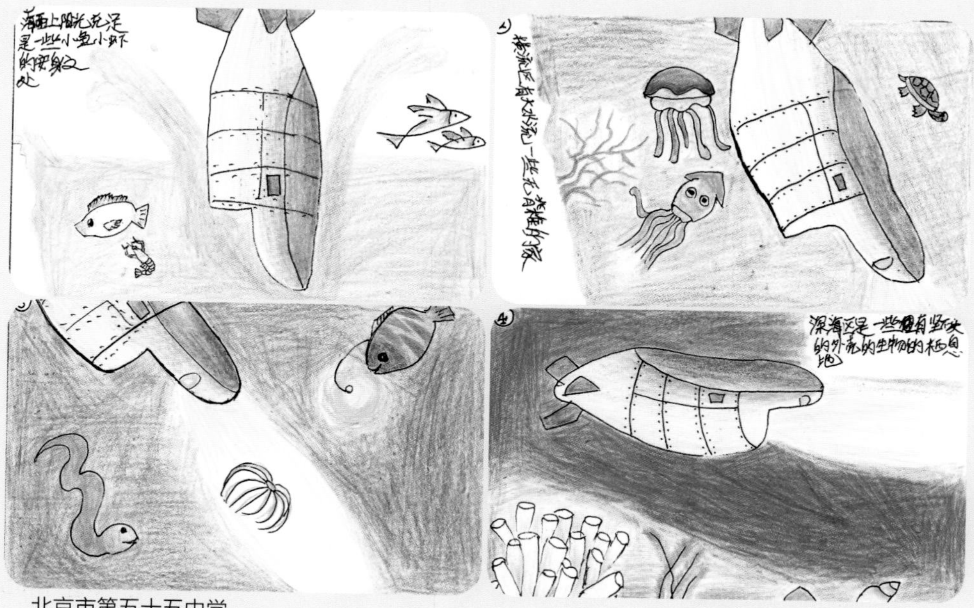

北京市第五十五中学
绘画作者：刘禹森
指导教师：董婉仪

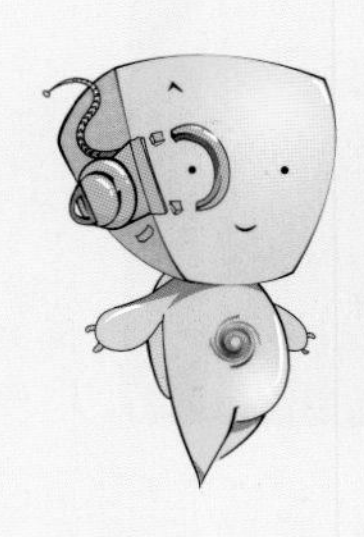

不会。地球上的资源不是无限的，很多资源还是一次性资源，这些资源在人类开发使用后不可再生，如果只是一味不加节制地索取，地球的资源总会有一天会被用完，所以我们应该爱护海洋的生态环境，珍惜有限的宝贵资源。

大海中还有哪些你不知道的生物？

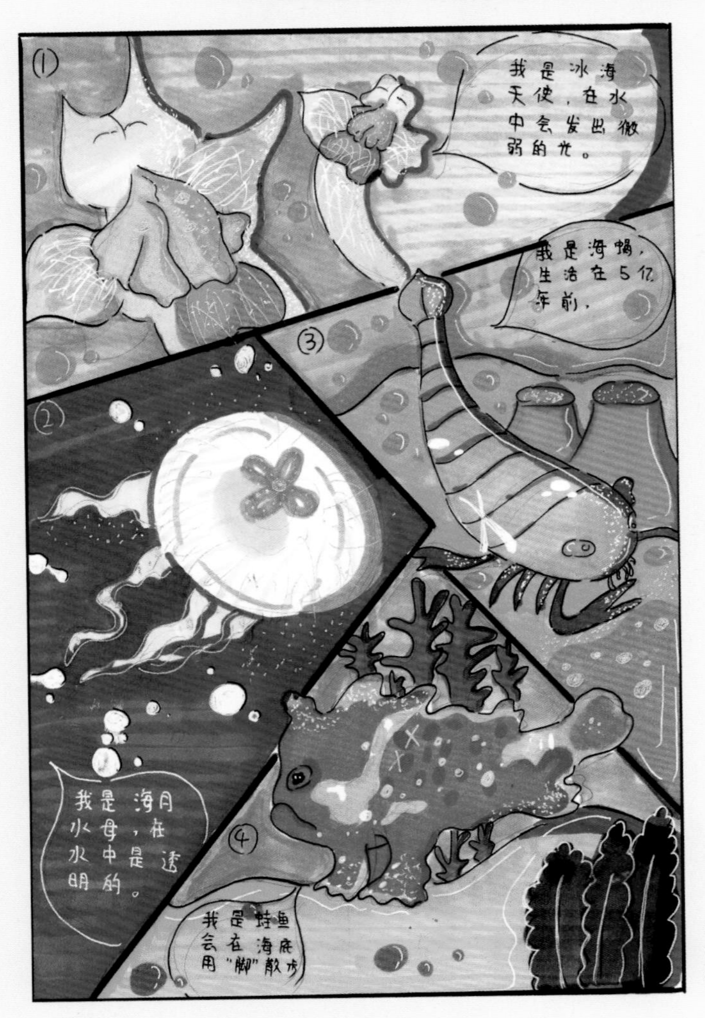

北京市第五十五中学
绘画作者：李怡菲
指导教师：李　煦

目前人类通过潜水所观察到的只有大约 5% 的海底世界。从 2000 年开始，全球数千名科学家连续 10 年在全球范围内启动了国际海洋生物普查计划，2012 年，全球共 121 位海洋生物分类学家做了一个大概的推算：海洋中大约有 70 万～100 万种生物，其中有 1/3 到 2/3 的生物尚未被发现。深海探索者曾经发现过新的生命形式，包括巨型细菌、巨型海星、令人惊奇的端足类动物和庞大的底栖软体动物等，但海洋生物的多样性是远远超出人类想象，也是难以回答的。

为什么翻车鱼喜欢寻找合适的水温晒太阳?

北京市东城区回民实验小学
绘 画 作 者：张 宏 莉
指 导 教 师：舍　　梅

翻车鱼还有一个常见的英文名字，叫 Sunfish，原因是它们经常侧着身体在水面上，边休息边晒太阳。有些生物学家相信，这样晒太阳的方式与剑鱼和皮背海龟有着共同的特点，这可能是一种温暖身体以加速消化的方法。

为什么珊瑚有白色的?

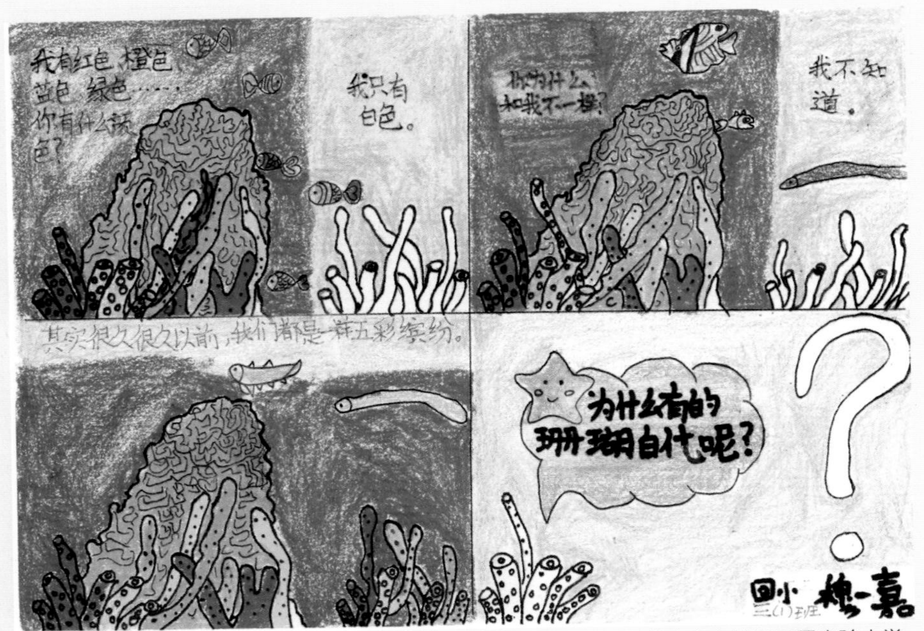

北京市东城区回民实验小学
绘 画 作 者：穆 一 嘉
指 导 教 师：舍　梅

海水温度升高，珊瑚体内的微型海藻大量死亡，使珊瑚颜色变淡，珊瑚生长受到影响，颜色变白。此外，环境污染，海水变得浑浊使阳光的透射能力下降，也会使珊瑚礁面临威胁。英国海洋生物学协会的科学家提出，水温升高可能只是一个触发因素，病毒可能是导致珊瑚白化的根本原因。他们用一种绿色海葵进行试验，把它们在 32 摄氏度的水里放置 24 小时，这一温度远高于海葵习惯的 15 摄氏度。结果发现水温升高使一种病毒在海葵内部的共生藻里大量增殖。研究人员说，这一现象表明，在珊瑚内部可能存在类似的病毒。这些病毒平时以休眠状态存在于共生藻的 DNA 里，水温升高或紫外线辐射增强会激活它们。

为什么水母是透明的呢？

北京市第五中学分校附属方家胡同小学
绘 画 作 者： 李 济 池
指 导 教 师： 张 芯 雨

水母的身体组成成分有97%都是水，仅有3%的胶质外壳包裹着，而且透明可以让它们隐藏在海水中，躲避敌人的攻击，是它们的保护色，所以它们大都是透明的。

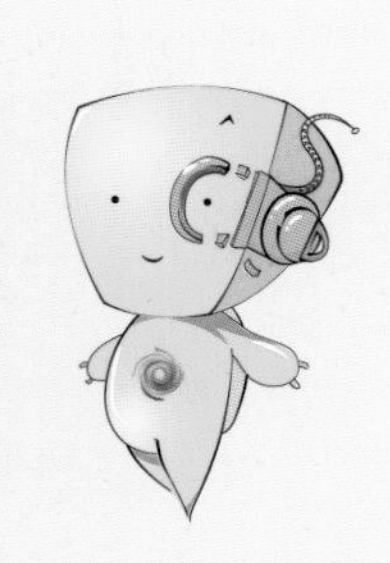

如何能防止水母再度泛滥？

北京市东城区和平里第四小学
绘画作者：郭清悦
指导教师：高颖颖

水母泛滥的原因是全球变暖、过度捕捞和含毒性药品的排放等，要防止水母再度泛滥，我们应该保护好环境，减少二氧化碳的排放，因为气温的升高对水母的天敌——海龟的生存影响巨大；适量捕捞，保护好海洋环境，维持生态平衡，才不会导致水母等水生软体动物和有害藻类大量繁殖；必须禁止向海洋排放过量含毒性药物，实验证明，这些药品不仅不能抑制水母的生长，反而对它们的生长起到了促进作用。

海葵为什么能帮助小丑鱼抵挡外敌?

北京市第五中学分校附属方家胡同小学
绘 画 作 者: 程 清 如
指 导 教 师: 张 芯 雨

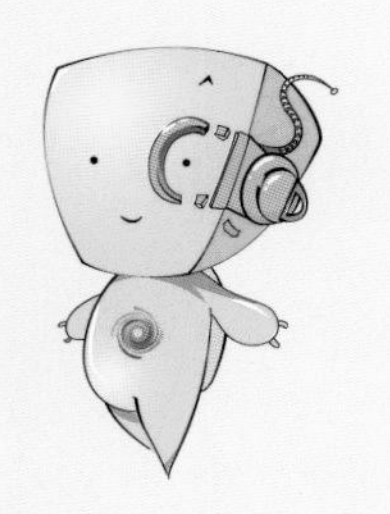

自然生活中时时面临着危险，小丑鱼就因为那艳丽的体色，常给它惹来杀身之祸。海葵属无脊椎动物中的腔肠动物。广泛生活在浅海的珊瑚、岩石之间，多为肉红色、紫色、浅褐色。在海葵的触手中含有有毒的刺细胞，这使得很多海洋动物难以接近它，但由于行动缓慢，难以取食，海葵经常饿肚子。长期以来，小丑鱼与海葵在生活中达成了共识，每天小丑鱼会带来食物与海葵共享；而当小丑鱼遇到危险时，海葵会用自己的身体把它包裹起来，保护小丑鱼。像它们这种互相帮助，互惠互利的生活方式在自然界称为“共生”。

为什么飞鱼可以飞起来呢？

北京市第五中学分校附属方家胡同小学
绘 画 作 者： 张 玉 那
指 导 教 师： 张 芯 雨

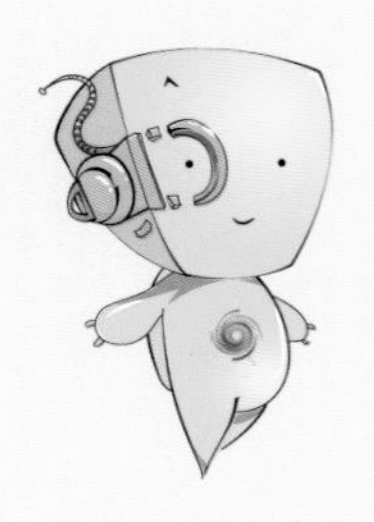

严格来讲，飞鱼不是在飞，而是在滑翔。跃出水面主要是为了逃避敌害的追逐。飞鱼在大海中常常是那些凶猛的金枪鱼、箭鱼等鱼类的猎获对象，为了逃避它们的追逐，飞鱼就会跃出水面在空中“飞行”。它在“飞行”前先高速向前游去，这时它的胸鳍和腹鳍都紧紧贴在身体的两边，好像一艘潜水艇，在跃出海面的瞬间，用力以尾部击水，借着水的反作用力，腾空而起，飞到空中，但它的翼鳍是完全不振动的，这和鸟类的飞行方法完全不同。所以不可能“飞”得很远，一般飞离海面高度在 8 ～ 10 米左右，飞行速度每秒约 18 米，能飞出 200 多米或更远一些。

玳瑁龟现在怎么一只都没了?

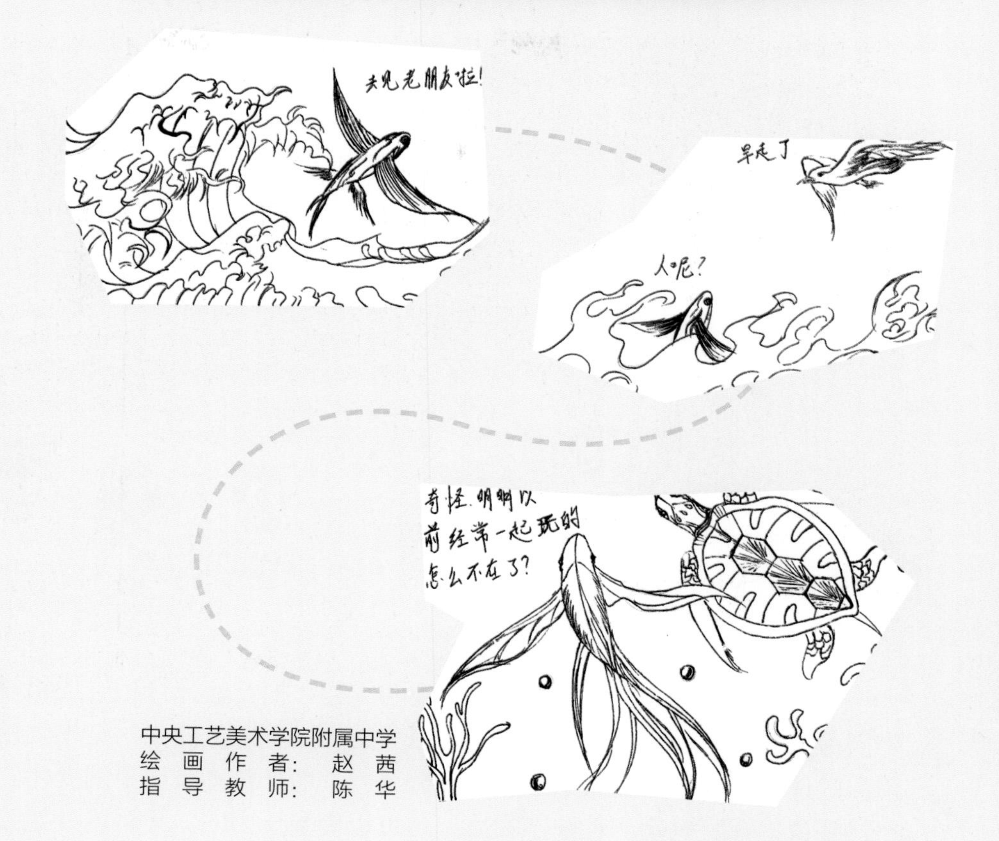

中央工艺美术学院附属中学
绘 画 作 者: 赵 茜
指 导 教 师: 陈 华

玳瑁是世界 7 种海龟的其中一种，又名鹰嘴龟、十三棱龟，以前它们在各大洋中都有分布。玳瑁的甲壳上布满色彩斑斓的花纹，是一种名贵的装饰品，有祥瑞幸福、健康长寿的象征，享有“海金”之称。玳瑁饰品工艺在中国已有上千年的历史，制作水平在唐代就已经达到巅峰，日本的玳瑁工艺也受到中国的很大影响。但正是由于人类对玳瑁带来财富的贪婪和毫无节制的捕捞，导致玳瑁在世界范围内数量持续减少，现在已经有灭绝的危险。目前，玳瑁已经被世界自然保护联盟（IUCN）评为极危状态，受到《濒危野生动植物种国际贸易公约》（CITES）的保护，很多国家已禁止猎捕玳瑁，玳瑁产品也被禁止进出口。

为什么深海压力这么大，而鮟鱇鱼不会被压扁呢？

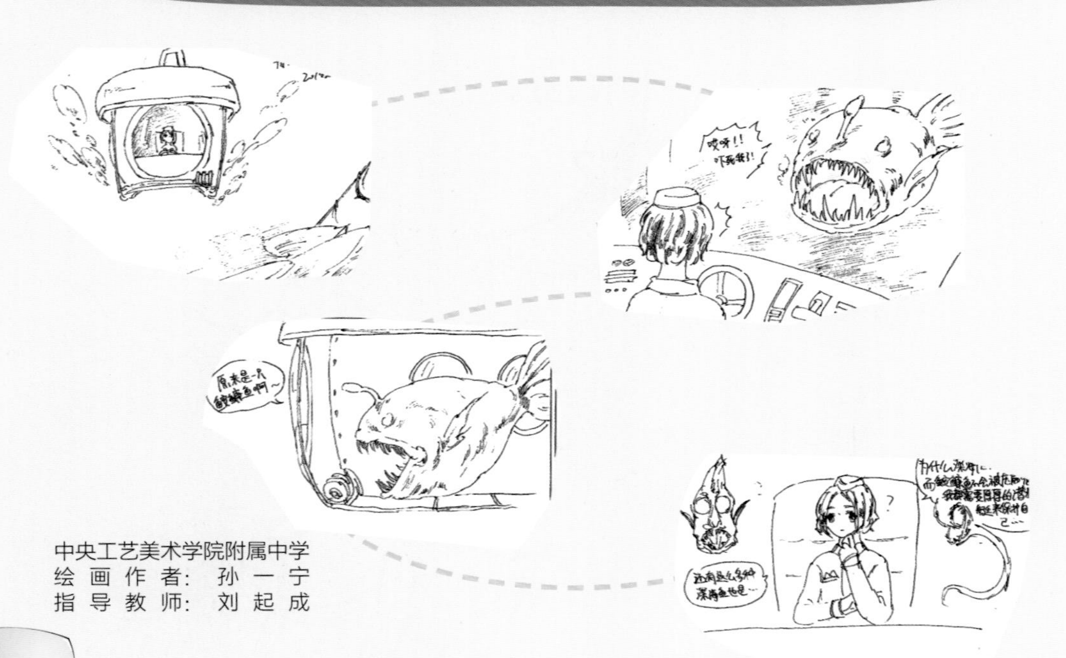

中央工艺美术学院附属中学
绘 画 作 者：孙 一 宁
指 导 教 师：刘 起 成

“蛟龙”号潜航员曾经做过一个有趣的实验：把一管牙膏和一块塑料泡沫带到深海下面，看看到底谁会在海水巨大的压力下产生变化，结果就是塑料泡沫的体积几乎被压缩成了原来的十分之一，而牙膏却没明显的变化。其实严格来说，牙膏也是一种液态物质，是可以传导压力的，牙膏内外始终保持了压力的平衡，所以不会被海水压爆。而塑料泡沫内部有很多小气孔或气泡，在潜入深海的过程中，气泡都被挤压出来，所以就产生了压缩的效果。

通过这个实验可以发现，如果“体内”没有气体空腔的话，潜入几千米深海可能也不会被压扁，人类不能深潜的其中一个原因就是体内有一个盛满气体的空腔，那就是我们的肺。但鮟鱇鱼体内也有一个气泡——“鱼鳔”，科学家猜想，塑料泡沫的制作是在陆地上，它里面的气泡压力只有地面上 1 个大气压，潜入深海后，每增加 10 米就会增加 1 个大气压，越往深处，气压就越大，空气慢慢就被挤压出来了。但鮟鱇鱼出生在深海，即使鱼鳔里有气体，也是在深海同样压力的环境里生成的，所以它更像那一管牙膏，体内外的压力始终保持一致。但如果将它们从深海带到陆地上来，鱼鳔内的气体就会像被摇过的可乐突然揭盖，嘭的一声发生爆炸。“蛟龙”号曾经从 5 ～ 6 千米的深海中带回过一条紫色海参，当来到海面，可怜的海参肚子竟然鼓起了一个大包。其实深海鱼类为了适应环境，它们的身体结构是很特殊的，它们的骨骼柔软易弯，肌肉柔韧 Q 弹，鱼皮薄如蝉翼，有一些深海鱼的体内还存在一些特殊的酶和小分子，这些因素让它们增强了抗压性。

为什么鲨鱼身边一群鱼它不吃偏逮大鱼吃，因为它的视力不好吗？

北京市东城区西中街小学
绘画作者：张熙雯
指导教师：张东红

鲨鱼一般在海洋中上层活动，它一口能吞下好几条小鱼，还能咬死和吃掉比它大的鱼或其他动物。但它却从不吞食和它形影不离的小伴侣——向导鱼。向导鱼长仅30厘米左右，青背白肚，两侧有黑色的纵带。它和鲨鱼关系十分友好。每当鲨鱼出征巡猎时，它们就紧随其后，仿佛像护驾的卫队一样，准确地模仿它的一举一动。有时，向导鱼也游到前面去侦察情况，但会很快地回到自己的原位。鲨鱼从不伤害自己的小伙伴，还把吃剩的食物赏赐给它们。向导鱼是鲨鱼的“清洁工”，它经常游到鲨鱼嘴里帮助鲨鱼清洁牙缝中的残屑。有了这种关系，鲨鱼当然不会吃向导鱼了。

企鹅在什么时候产卵，怎样孵化?

北京市东城区西中街小学
绘 画 作 者： 刘 宸 希
指 导 教 师： 张 东 红

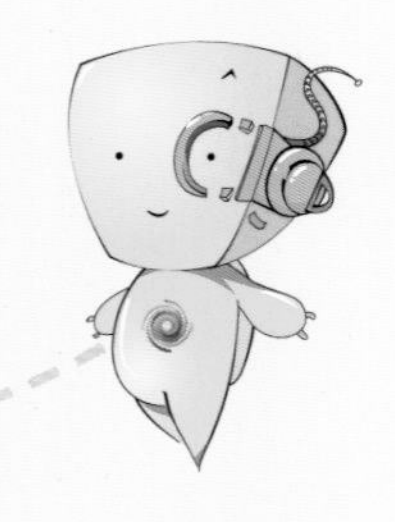

企鹅的种类其实很多，不光南极大陆及周边海岛有企鹅，在澳大利亚、新西兰、智利也有企鹅，甚至在非洲也有企鹅。它们都是海洋中的游泳高手，翅膀像鱼鳍一样，在陆地上走起路来摇摇摆摆，十分可爱。不同种类的企鹅外形有大有小，“头饰”和“燕尾服”的款式、颜色有很大的不同。大多数企鹅的生活习性是一样的，它们都是以捕食海洋中的鱼虾为生，大都在海边背风的陆地上或草丛中筑巢。除了帝企鹅，因为帝企鹅是唯一在南极的冬季繁衍后代的企鹅，也就是每年的4月－9月。帝企鹅也是唯一在冰面上产卵的企鹅。

其他生活在南极的企鹅，比如白眉企鹅、阿德利企鹅、帽带企鹅、王企鹅大多数会选择在南极的夏季回到巢里产卵，也就是10月和11月的时候，南极逐渐进入极昼，白天越来越长，气温逐渐升高，南极大陆边缘的海冰和积雪逐渐融化，冰雪下覆盖的土地也显露出来。小企鹅们纷纷返回“家里”，也就是去年它们筑巢的地方。企鹅喜欢群居，一般企鹅爸爸们会先抵达筑巢的地方，如果运气好的话，去年搭建的“小石子鸟巢”还在原地，就省去力气再捡拾小石子了。大多数企鹅需要重新搭建自己的小家，因为南极的狂风暴雪会将去年的巢穴吹散了架。等到企鹅妈妈们回到家里，一家人又重逢了。11月、12月的时候，小企鹅蛋都顺利降生了，一般夏季产卵的南极企鹅都会产两枚蛋。企鹅妈妈需要孵化企鹅蛋50～60天时间，这期间企鹅爸爸们也没闲着，往返大海与家之间，“端茶倒水”送吃送喝。大概在1月、2月，小企鹅们破壳而出，之后还要继续吃爸爸妈妈反刍的食物，还要跟随爸妈不断练习“跑步”，这是一项重要的躲避天敌、续命保命的生存本领。到了3月、4月，小企鹅们褪去了绒毛，换上了和爸妈一样的防水衣服。此时南极的夏季结束了，小企鹅也长大了，可以学着爸妈的样子在水里游泳捕鱼了。大概经过4～5年的时间，他们就可以像企鹅爸爸妈妈一样，回到它们的“老家”养儿育女啦。另外，那些生活在温带和热带的企鹅，比如新西兰的小蓝企鹅以及非洲的黑脚企鹅，他们的生活环境“比较优越”，繁衍后代的频率也相对高一些，它们几乎全年都处于繁殖季节，有点像我们家养的鸡一样，会时不时地下蛋。但它们面对的天敌也更多一些，人类生活产生的污水和垃圾也会影响它们的生活和小企鹅的生长。

植物在多深的海底就不能生长了？

北京市东城区西中街小学
绘 画 作 者：程 丽 歌
指 导 教 师：张 东 红

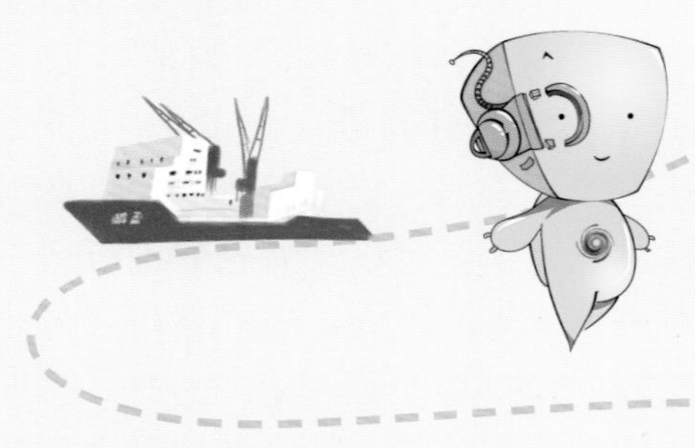

500多米。日光是由7种不同颜色和频率的色光组成的，不同频率的光照射的深度并不一样，红光透射的最浅，大约只有几米左右，橙黄色的光能通过10～30米的深度，绿光可超过100米，而蓝光差不多能达到500米左右。所以海底500多米后无法见光，植物就无法生长。

为什么黑暗高压的深海还有生物呢?

北京市汇文第一小学
绘画作者：李润轩
指导教师：郭 梅

在深海极端压力下，仍然存在着一个充满生机的生命世界。深海生物为适应恶劣的环境发展了一些特别的功能，适应低温：除了深海热泉环境外，深海生物生活在低温环境中，对于温度的反应敏感，具有粗糙的外皮；适应高压：深海压力大，致使深海生物发展出对抗压力的生理适应。甲壳生物不易生成甲壳，鱼类舍弃鱼鳔调节浮力，或在体内储存脂肪减轻体重；适应黑暗：为适应深海的黑暗，许多生物发展出发光结构，用于引诱猎物、生殖交配，比如鮟鱇鱼。

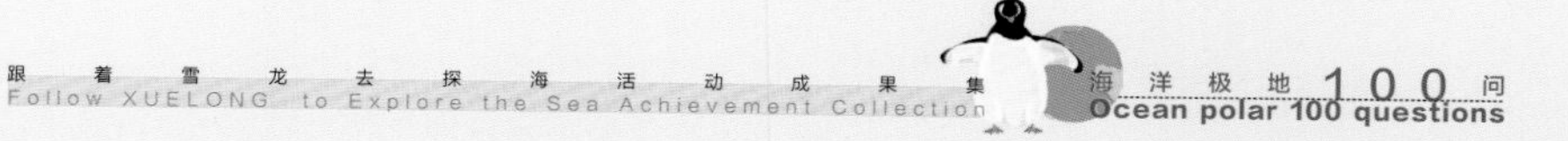

海里为什么植物那么少，动物那么多?

北京市东城区前门小学
绘 画 作 者：彭祎涵
指 导 教 师：崔 桢

相比海洋植物，海洋动物在结构及功能上呈现多样化。海洋植物分为两大类：低等的藻类植物和高等的种子植物，海洋植物以藻类为主，海洋种子植物的种类不多，都属于被子植物。海洋动物现知有 16 万 - 20 万种，它们形态多样，海洋动物按动物系统分类学可分为原生动物、多孔动物、腔肠动物、扁形动物、线形动物、环节动物、节肢动物、软体动物、棘皮动物、脊索动物等十几个大门类。

灯塔水母为什么可以返老还童?

北京市东城区和平里第四小学
绘 画 作 者: 田 雨 濛
指 导 教 师: 宫 亚 昆

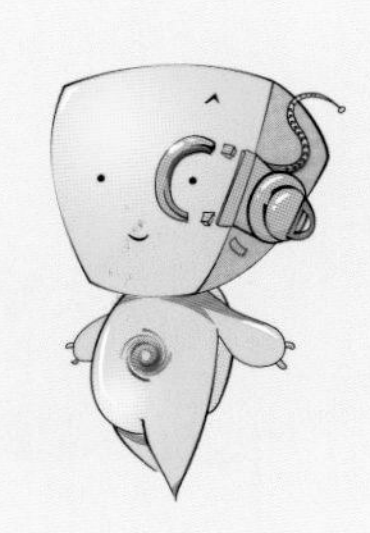

灯塔水母是目前唯一已知的能在“成年”之后可以再次回到“小朋友”时代的生物，因为灯塔水母有着特别的基因，当受伤或遭遇危机时，这些基因就会逆转自身发育的方向，朝着水母最原始的状态——水螅进行转化，这个过程被称为分化转移，理论上这个过程没有次数限制，它们可以获得无限的重生。就像绿绿的小青蛙突然在某一天又变回了小蝌蚪的模样。

为什么竹筴鱼要成群游动呢?

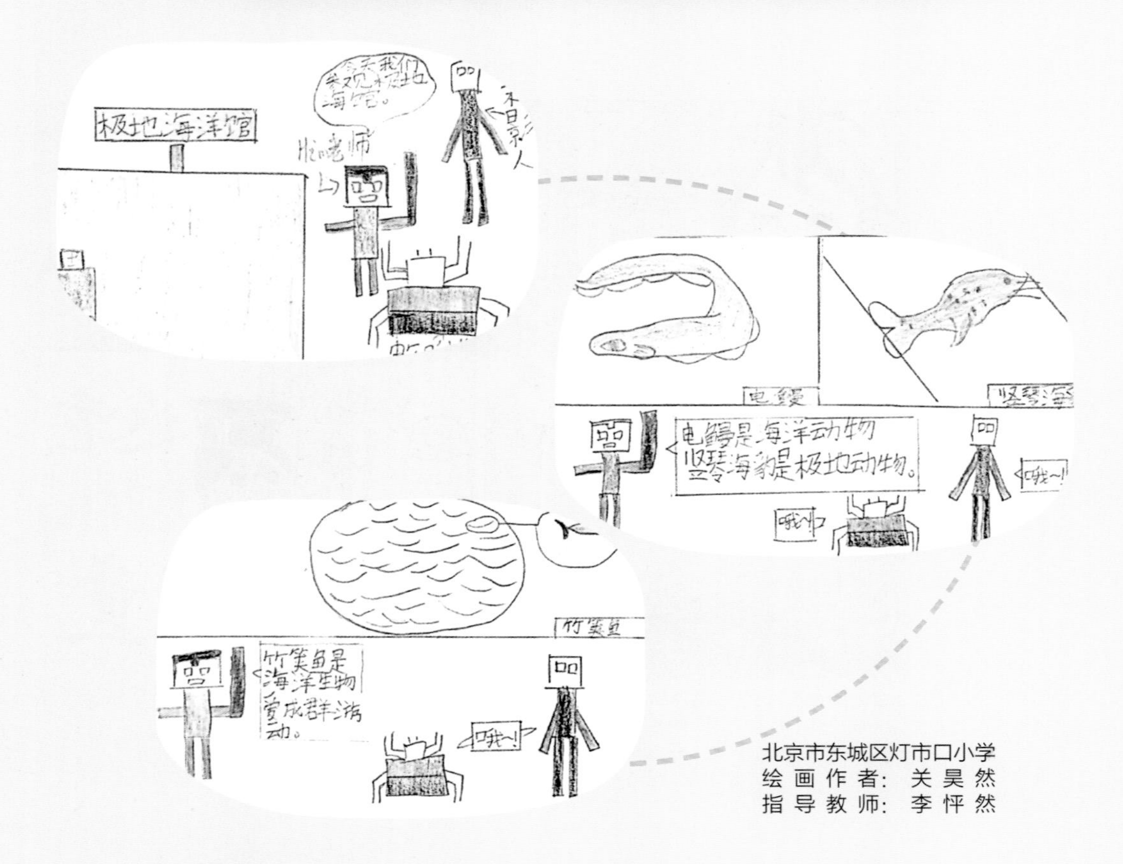

北京市东城区灯市口小学
绘 画 作 者: 关 昊 然
指 导 教 师: 李 怦 然

竹筴鱼群的聚集,对于捕食者,是个陷阱,好像猎物很多,但是等你扑过去,实际上很难会有收获。一方面是鱼群闪动的鳞光,会起到干扰和分散猎手注意力的效果;一方面是当近处的鱼快速逃避的时候,会给猎手一个严重的心理错觉,以为远处的鱼还没发觉,于是扑向另外的对象,哪里知道,侧线反馈机制会使远处的鱼逃避得更快。结果是捕食者找不到具体的目标,一无所获。

章鱼算鱼吗?

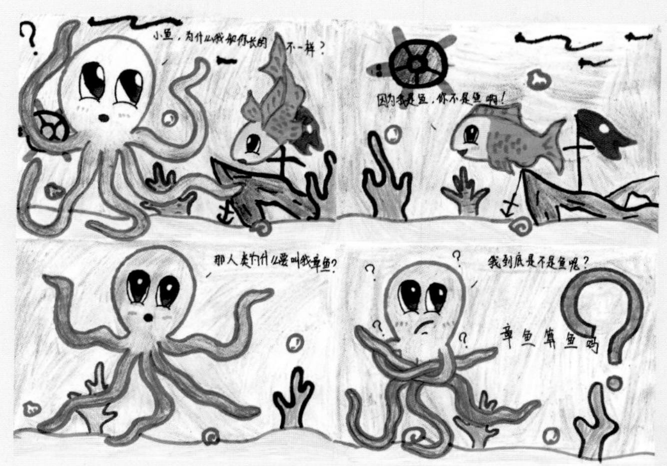

北京市东城区前门小学
绘画作者：马亿涵
指导教师：崔　桢

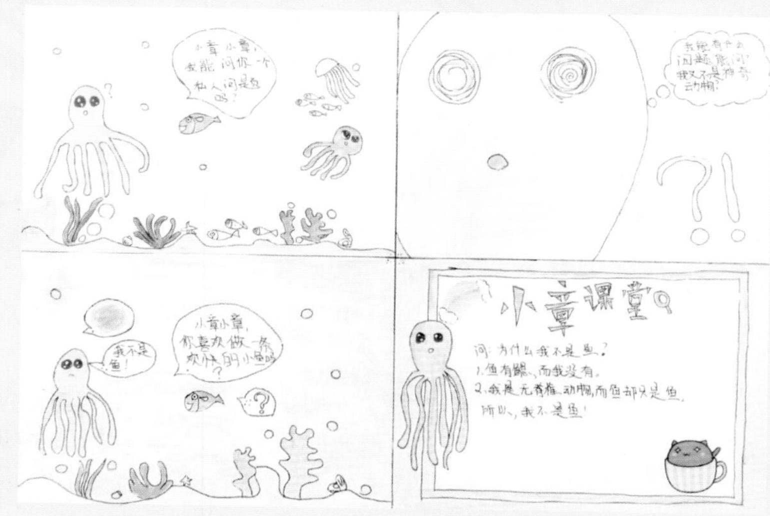

东城区西中街小学
绘画作者：王力冉
指导教师：李　莹

鱼类大都生活在水中，体表有鳞片能分泌黏液，具有保护作用，还可以减少水的阻力；呼吸器官是鳃，吸收水中的溶解氧；用鳍游泳，靠尾部和躯干部的左右摆动向前游动。章鱼体内没有脊柱，属于软体动物门头足纲八腕 目，不属于鱼类。

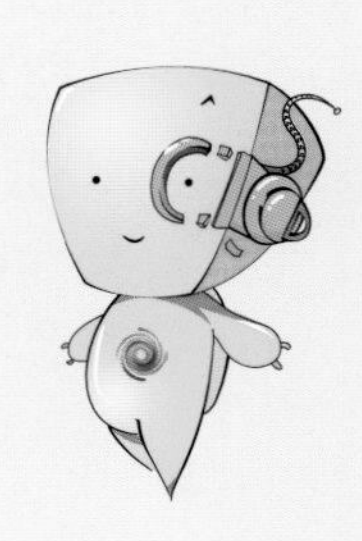

鲨鱼有没有牙神经?

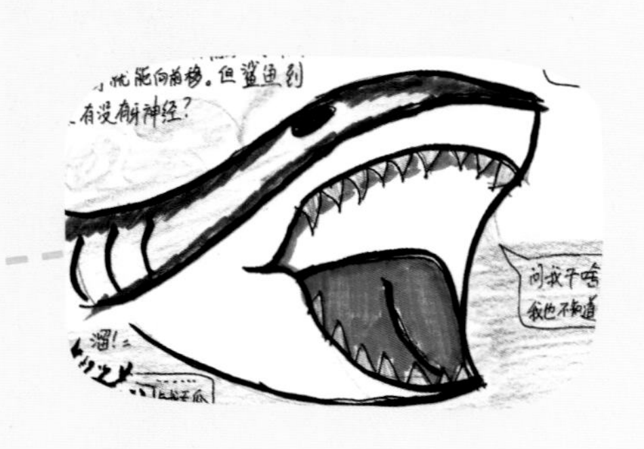

北京市东城区前门小学
绘画作者：张霖熙
指导教师：崔　桢

鲨鱼头部有个能探测到电流的特殊细胞网状系统，被称为电感受器。鲨鱼就利用电感受器来捕食猎物及在水中自由游弋。美国研究人员通过分子测试，在鲨鱼的电感受器中发现了神经嵴细胞的两种独立基因标志。神经嵴细胞是胚胎发育早期形成各种组织的胚胎细胞。人类的神经嵴细胞对人面部骨骼和牙齿的形成起重要作用。这一发现说明，神经嵴细胞从鲨鱼的脑部移至其头部的各个区域，并在其头部发育为电感受器，所以说鲨鱼是具有牙神经的。

为什么鲸鲨停下来就会死掉?

北京市第五中学分校附属方家胡同小学
绘 画 作 者: 药 阳
指 导 教 师: 张 芯 雨

鲸鲨是最古老的鲨鱼，它们不需要一直游动来呼吸，用嘴和鳃来吸水和排水，这种方式叫做口腔抽吸，因可以将水吸入嘴中并从鳃排出口腔或者颊部而得名。有些鲨鱼通常还有更突显的呼吸孔(spiracle)，就是眼睛后部的管状器官。当这类鲨鱼藏在海底不能用嘴呼吸的时候，呼吸孔可以起到嘴的作用将水吸入。然后水通过鳃裂排出。然而，随着鲨鱼的进化并且变得越来越活跃，这种吸水的方法变得不那么重要了。在游动过程中将水吸入更加节省能量，事实上就是“撞击”海水使其进入嘴里再通过鳃裂排出。这种呼吸方式称为撞击换气。大部分鲨鱼可以根据它们行为的不同在口腔抽吸和撞击换气两种方式中交替变换。当它们游得足够快使水进入体内的速度比它们吸水的速度还要快时，就会停止抽吸。但是一些鲨鱼用口腔抽吸的方式来呼吸的能力已经彻底退化了，这些鲨鱼如果停止游动和停止撞击海水就真的会被淹死。

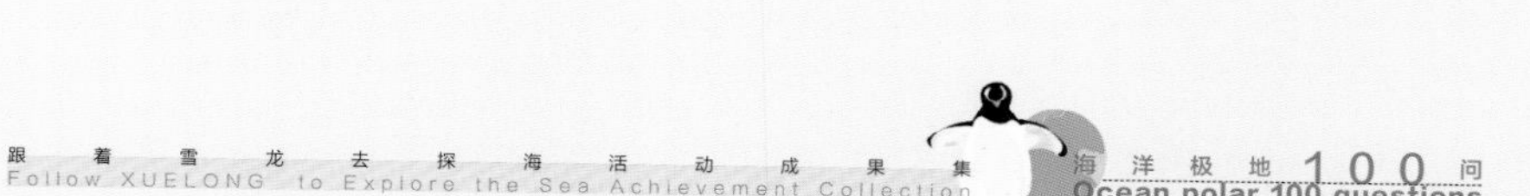

为什么鲨鱼有很多排牙齿?

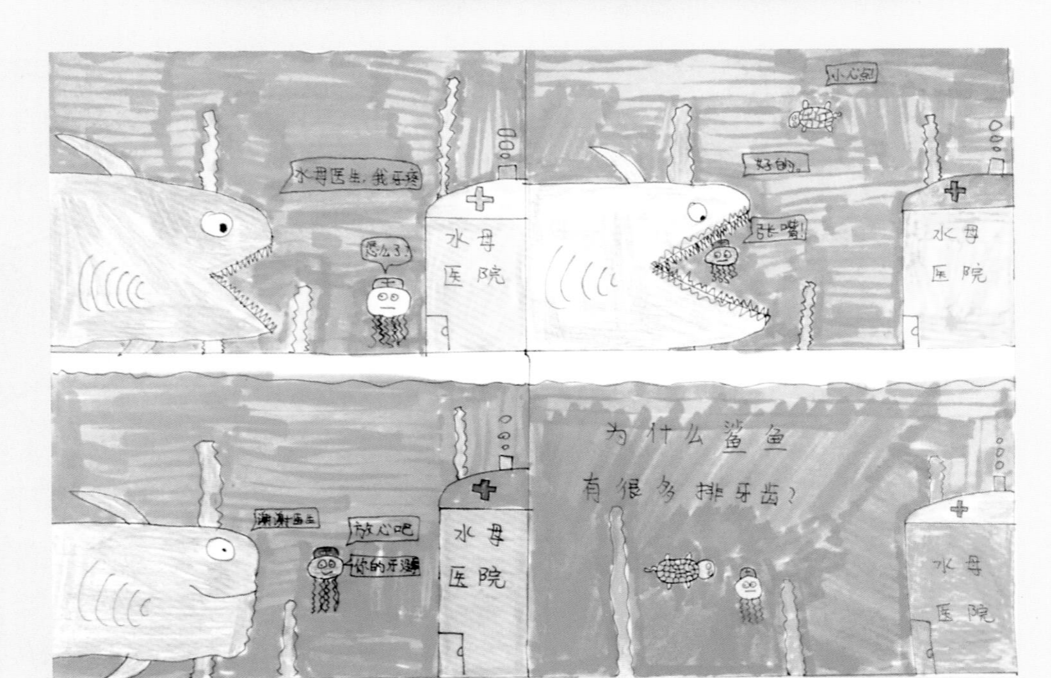

北京市东城区和平里第四小学
绘画作者：张梓墨
指导教师：刘春燕

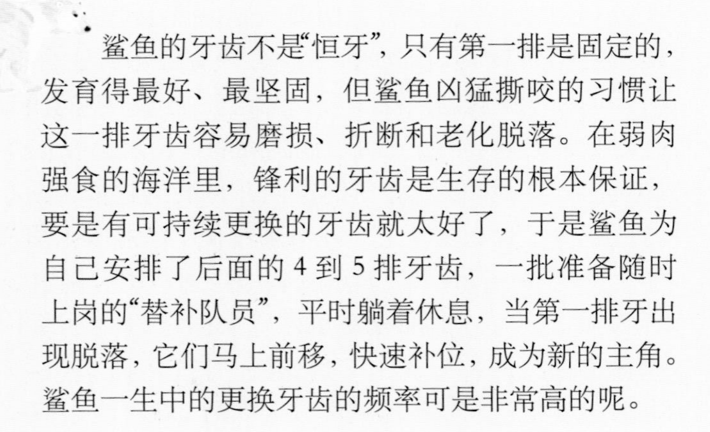

鲨鱼的牙齿不是“恒牙”，只有第一排是固定的，发育得最好、最坚固，但鲨鱼凶猛撕咬的习惯让这一排牙齿容易磨损、折断和老化脱落。在弱肉强食的海洋里，锋利的牙齿是生存的根本保证，要是有可持续更换的牙齿就太好了，于是鲨鱼为自己安排了后面的 4 到 5 排牙齿，一批准备随时上岗的“替补队员”，平时躺着休息，当第一排牙出现脱落，它们马上前移，快速补位，成为新的主角。鲨鱼一生中的更换牙齿的频率可是非常高的呢。

北极狐会不会认路?

北京市崇文小学
绘画作者：张婉临
指导教师：颜　吉

能！

当然会，北极狐能进行长距离迁徙，而且有很强的导航本领。北极狐能够导航行进数百千米。它们会在冬季离开巢穴，迁徙到600千米外的地方，在第2年夏天再返回家园。

为什么在很早以前企鹅和北极熊在一起住，而现在分家了？

北京市第二十五中学
绘画作者：肖睿涵
指导教师：吉凯鑫

这个问题很有深度。其实在很久以前北极是有企鹅的，在 19 世纪初，格陵兰岛以及冰岛湾生活着一种“大海雀”，当时纽芬兰湾的渔民称呼它们“peng Wyn”，在凯尔特语中是“白头”的意思，“企鹅”的英语单词“penguin”就是来源于此，所以“大海雀”就是北半球的“企鹅”。“大海雀”高约 85 厘米左右，比大多数生活在南半球的企鹅个头要大，也不会飞行，在陆地上走起路来也是摇摇摆摆的，它们翅膀很小，背部黑色，腹部白色，善于游泳，以鱼虾为食。

那为什么北半球的“企鹅”又和北极熊“分家”了呢？其实啊，这个“分家”是个很悲剧的结局，主要是因为人类的肆意捕杀，导致大海雀彻底灭绝了。去南极的科考队员都有深刻的体会，南极的企鹅一点都不怕人，甚至对人类的造访还有些好奇和新鲜。当穿着鲜艳科考队服的队员接近企鹅的时候，它们并不会像陆地动物一样害怕地逃离，最多原地不动地张开翅膀，摆出一副主人的样子，抓捕企鹅真不是什么难事，起码比抓一只鸡容易多了。因为有了《南极条约》的约束，才没有人轻易去打扰南极企鹅平静的生活。北半球的“大海雀”也是一样的呆萌，不惧生人，可它们就没那么幸运了。16 世纪，随着航海业的兴起，增加了人类对大海雀的捕杀机会，因为船舶航行中的补给物资十分有限，当水手们发现大海雀这种“笨鸟”很容易捕捉后，就开始了肆意捕杀。甚至在水手们轻松驱赶下，就能让几百只“大海雀”自己登上轮船，成为一道道美食。仅 100 多年的时间，“大海雀”的数量就减少到屈指可数的地步，到 1844 年，“大海雀”就彻底灭绝了，此后北半球就再也没有“企鹅”的身影了。近年来，随着全球变暖，北极海冰数量锐减，北极熊也几乎走到了灭绝的边缘。

为什么企鹅不是白的?

北京市第二十五中学
绘画作者：刘牧瞳
指导教师：于丽媛

这是个有趣的问题。在物种千万年的进化中，能够留存下来的都是有自保本领的高手，有的长成了和环境一样的颜色，比如北极熊、北极兔等；有的根据环境随时改变颜色，比如变色龙和章鱼；有的干脆长成和环境一样的形状，比如竹节虫、枯叶蝶等。

企鹅大都生活在南半球大陆边缘及海岛上，在幼崽出生的时候，这些地方大多没有或很少有白茫茫连成片的海冰，企鹅栖息的陆地上以黑色的石头居多，它们的窝巢就是由这些小石头垒成的，所以类似石头的黑色和棕色就是企鹅幼崽最好的保护色。而且它们大多数时间要在水中捕食，所以成年企鹅的颜色和鱼类很像，长着黑色的脊背和白色的肚皮。从上往下看时，企鹅脊背上的颜色和深海的蓝黑色相同；从下往上看时，它们白色的肚皮又和天空的颜色融为一体，这种完美的“保护色”既能躲避海豹和虎鲸等天敌的发现，也能混淆鱼群和磷虾等猎物的视线，方便自己捕食。

为什么鲸鱼会集体自杀?

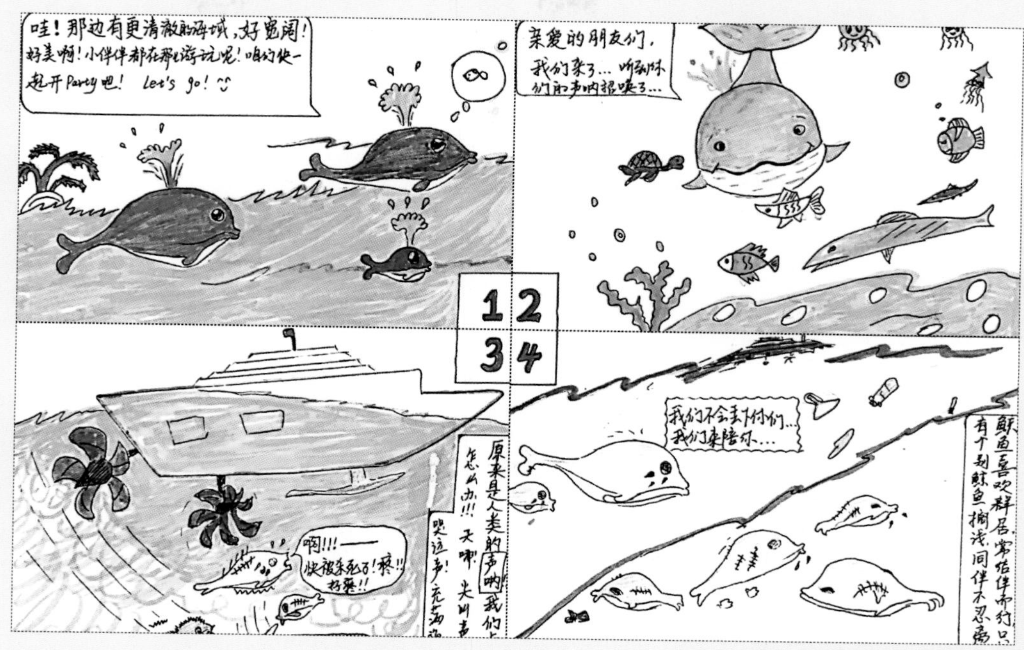

东 四 九 条 小 学
绘画作者：郝奕名
指导教师：任立鹏

鲸集体自杀的原因可能是由于其定位系统发生病变，使它丧失了定向、定位的能力。由于鲸是恋群动物，如果有一头鲸冲进海滩而搁浅，那么其余的就会奋不顾身地跟上去，以致接二连三地搁浅，形成集体自杀的惨剧。

为什么帝企鹅过冬时要去更冷的地方呢？它们将怎么过冬呢？

北京市第二十五中学
绘画作者：王可萱
指导教师：刘　佳

帝企鹅是南极地区唯一一种在冬季孵卵的企鹅，它们去更冷的地方过冬，其实也是去它们出生的地方继续繁衍下一代，但它们也不会进入南极大陆深处的极寒地带，而是在大陆边缘的相对温暖的海岸带选择栖息地，不过因为是冬季，南极大陆及周边海域被大面积冰雪覆盖，与夏季相比，冬季的“近岸带”距离大海就远多了，会有十几千米或更长的海冰带，就像鲑鱼从大海洄游到河流的上游繁殖一样，帝企鹅通过长途跋涉进行了一场“陆地洄游”，这也是很多动物千万年来自然进化的结果。

冬季的南极，海冰阻隔了一切，人类最先进的科考船也只能望而却步，鸟类纷纷飞离极圈，海豹的尖牙也无法钻透厚实的海冰，所以它们会赶往温暖的北方海域过冬。南极几乎只剩下了帝企鹅，它们高大威武，常常能长到 1 米以上，这就意味着，出生的小帝企鹅不会有天敌打扰，它们需要面对的难题就只有寒冷。

企鹅爸爸会肩负起孵化小企鹅的重任，它们把企鹅蛋包裹在肚子下面柔软的绒毛里，双脚紧紧并起，随身携带着企鹅宝宝们。而且它们常常挤作一团，团结协作，减少身体热量散失。两三个月时间里，企鹅爸爸们不吃不喝，直到小企鹅从蛋中孵出后，就和企鹅妈妈们轮流出海寻找食物哺育宝宝，是很温暖的大家庭，这也是帝企鹅群体生生不息的原因吧。

海参遇到敌人是如何逃生的?

定 安 里 小 学
绘画作者：陈汝祎
指导教师：周 曼

海参是一种防御能力很差的棘皮动物，在海底遇到敌人时，它就把身体紧缩起来，然后用尽力气把内脏从肛门挤出来，敌人会立即盯住它的内脏。这样海参还照样活着而且不久又生出新的内脏来；有一种管状海参，当它被敌人捕捉住时，身体会分裂成两段，一段留下，另一段被吃。留下的一段又会把失去的一段长出来。

海葵为什么不吃小丑鱼?

北京市东城区和平里第四小学
绘 画 作 者：姚 悦 洋
指 导 教 师：高 颖 颖

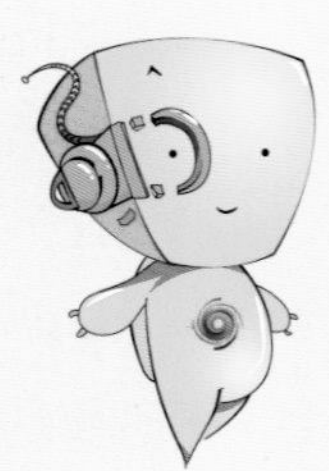

海葵是通过体表的一种黏液来抑制自己众多触手上有毒的刺细胞互相刺伤的，而小丑鱼会小心翼翼地接近海葵的触手，涂抹和吸取这种黏液，等到全身都涂满了，就获得了在海葵中自由出入的通行证。每天小丑鱼带来食物与海葵共享，当小丑鱼遇到危险时，海葵也用自己的身体把它包裹起来。这种互相帮助，互惠互利的生活方式在自然界被称为“共生”。但如果把小丑鱼身上的黏液擦掉再送回海葵身边，海葵可是会一口把它吃掉的。

海洋环境

如果继续破坏海洋环境，未来将会怎样？

北京市第五十五中学
绘画作者：张珈铭
指导教师：许丽娜

如果海洋环境继续遭受破坏，人类制造的垃圾源源不断倾倒进海洋里，被海洋生物摄食，我们平时吃的海鲜身体里就有可能装满细菌和病毒，这些毒素被人类再吃进体内，形成恶性循环。比如最近大家都十分关注的微塑料，微塑料包括破碎的塑料废品，合成纤维以及个人卫生产品里的小珠子，它们会危害海洋生物——后者会将其误食，也可能通过海产品、自来水和其他食物进入人体。微塑料对人类的危害尚不明确，但人们担心它们会积累成为有毒的物质，其中最微小的部分还有可能进入血液当中。

北极熊自问：“为什么人类的房子越来越高，但我们的家园却越来越小？”

中央工艺美术学院附属中学
绘画作者：张芸杉
指导教师：陈　华

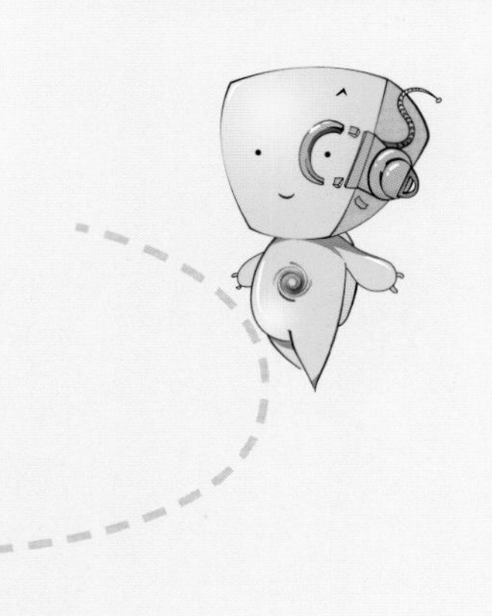

原因很多，最主要的是全球变暖和人类对自然的过度索取。随着人类社会工业化进程的发展，大量有毒、有害的废气和其他污染被排放到大气层和海洋中，不仅是北极熊的生活受到影响，近海和陆地上的很多动物都失去了自己的家园。野生动物的数量减少，很多动物未来很可能只能在照片里看到，老虎、大象、狮子这些处于食物链顶端的动物，生存现状令人担忧，海洋里的鲸、鲨鱼、海豚也深受海水污染的伤害。当环环相扣的生物多样性被打破，环境受到不可逆转的污染，受损的不仅是自然，人类也是自身难保的。

若全球气候变暖越来越严重，冰川量极少时，南北极生物如何生存？抑或在冰川全部融化前南北极野生生物会灭绝？

中央工艺美术学院附属中学
绘画作者：刘　宇
指导教师：刘起成

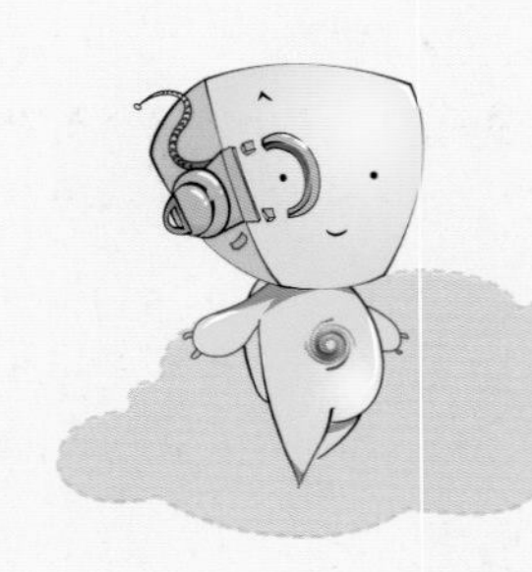

这是一个非常现实的问题。目前科学家们对全球变暖持有两种不同的主张，一种认为全球变暖是人类活动产生的有毒废气影响了气候，导致全球温度普遍升高；另一种认为全球变暖是自然规律，是地球上一个冰河期进入尾声的标志，这与地球围绕太阳运转的轨道以及自转地轴的变化有关。但无论气候如何变化，地球上的生命依然会生生不息地持续下去，虽然因为种种原因，有的物种灭绝了，比如海洋中的菊石、北极的大海雀、南极的南极狼，但这很可能也只是一种“自然淘汰”。几十亿年来，随着地球气候的不断变化，地球上的生物总是在新生 - 进化 - 灭绝中不断更迭。恐龙曾经是地球的霸主，菊石和鹦鹉螺也曾称霸海洋，而人类主导的地球时代，只不过是地球漫长生命中极短的一个瞬间。

当北极熊失去立足的冰面，却又不能长时间在海水中浸泡的困境来临时，这个物种似乎就已经走到了灭绝的边缘。但总有一些物种在不断"改变自己"，适应地球的各种变化，正如被称为活化石的鹦鹉螺一样，在 5 亿年前"奥陶纪"海洋里，它们曾经体型巨大，达 11 米，在那个海洋无脊椎动物鼎盛的时代，它以庞大的体型、灵敏的嗅觉和凶猛的嘴喙霸占着整个海洋，三叶虫、海蝎子等动物简直是手到擒来，堪称"顶级的掠食者"。但在今天，我们依然能够看到活鹦鹉螺，只是它们适应了现代海洋的气候，缩小了身形，放慢了速度，捕食更小的动物。其实科学家也惊讶地发现，海冰的减少也给一些动物带来了生机，比如虎鲸，它们原本因为巨大的背鳍无法在冰封的海中畅游，当海冰减少，它们就可以扩大捕食范围，扩大种群的数量。比如，南极企鹅面对冰川消融，凭借着高超的泳技很可能找到适合它们生存的地方再次安家。随着全球变暖，或有一些物种会灭绝，但这并不是生命终结，也有可能是新一轮生命进化的开始。但人类给自然带来的破坏是无法弥补的，我们需要更加珍惜和保护自己唯一的家园。

为什么破坏环境，天气会变得越来越热呢？

北京市第五中学分校附属方家胡同小学
绘 画 作 者： 孙 一 明
指 导 教 师： 张 芯 雨

天气变热在很大程度上是因为生态环境遭到破坏引起的，比如树木的大量砍伐，开垦山地用来种庄稼，绿色植物越来越少，工厂多了，汽车多了，植物的光合作用少了，二氧化碳在空气中的比例也越来越大，导致破坏臭氧层，结果就是全球气温变暖。

多年后南极北极会不会因为全球变暖而融化？

北京市第二十四中学
绘画作者：智泽玥
指导教师：徐　静

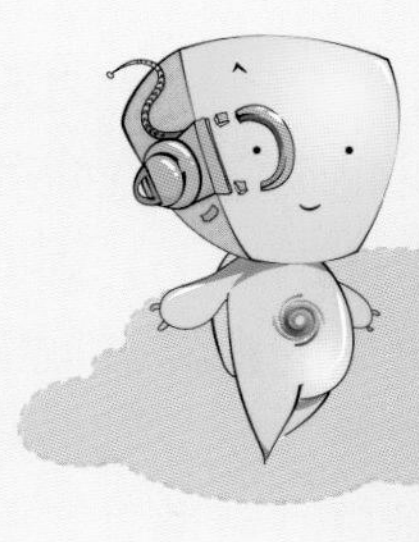

很有这个可能的，而且正朝着这个方向发展。“全球变暖”已经成为一个严酷的现实，在北极表现得尤为明显。2016 年北极的气温达到了 1900 年以来的最高值，海冰面积降到了有记录以来的最低点。近几年，北极冰面还在不断地缩小，原本应该被白色海冰反射出去的太阳热量，都被海水吸收了，海水温度随之上升，等到进入冬季，贮藏在海水中的热量更阻止了海水再结成厚实的冰面，反复循环，就进入了一个海水温度越来越高、海冰越来越少的恶性循环中。

对于南极来说，暖化导致全融的过程会比较漫长，因为南极大陆上的“大冰穹”实在是太大太厚啦，平均厚度能达到 2450 米，最厚的冰层达 4800 多米，它像一顶巨大的冰雪帽子罩在了南极大陆上。近几年，虽然时有报道说南极周边海域冰山崩塌、冰川解体，但气候学家仍然认为“大冰穹”会不断向四周扩充，补充解体的冰川。

北极的海冰比南极少很多，如果北极海冰全部融化，全球的海平面不会因此上升太多，但如果南极的海冰全部融化，全球海平面将会上升 60 多米，很多国家会被海水吞没。

海洋无底洞可以减慢海平面上升的速度吗?

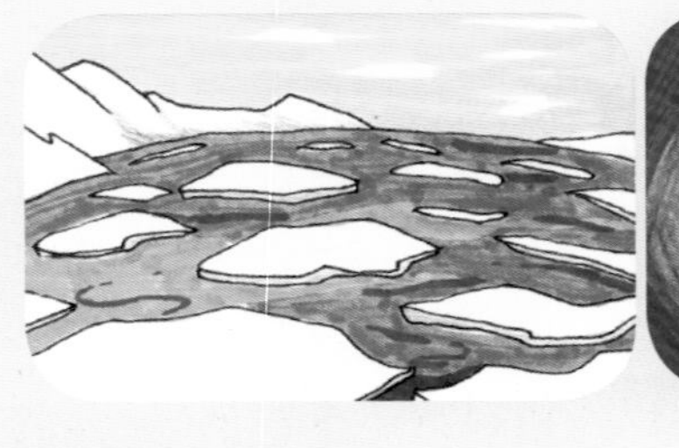

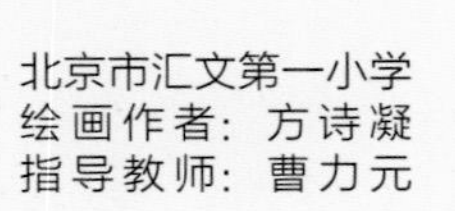

北京市汇文第一小学
绘画作者：方诗凝
指导教师：曹力元

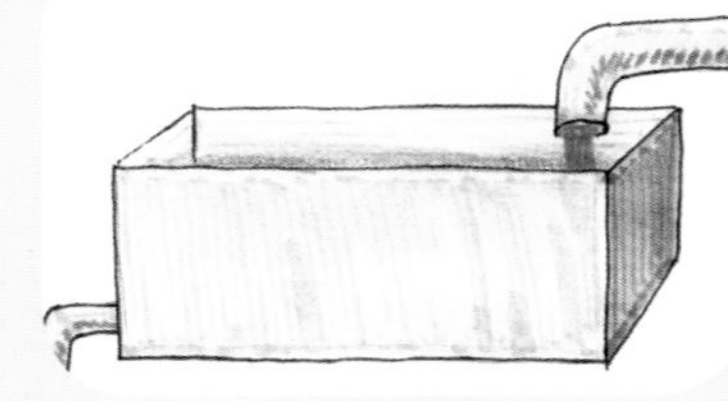

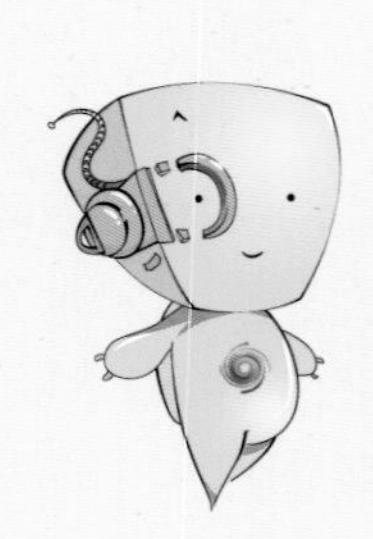

在茫茫的大海上存在着一种能够吞噬一切的无底洞，许多世纪以来什么也填不饱它，每天它都在贪婪地吞入大量的海水，甚至是不幸航行至此的船舶。因此，这里也是海难频发的地方。这就是可怕的海洋无底洞。在“无底洞”附近，有着异常的电磁波动，发生过多起神秘海难。到目前为止，发现的无底洞总共有两处，分别在印度洋和地中海。下面我们先来介绍一下印度洋无底洞。它位于印度洋北部海域，半径约 3 千米。这里是典型的季风洋流，受热带季风影响，一年有两次流向相反变化的洋流。夏季盛行西南季风，海水由西向东顺时针流动；冬季则刚好相反。但无底洞海域则不受影响，风平浪静。地中海无底洞位于地中海东部希腊克法利尼亚岛阿哥斯托利昂港附近的爱奥尼亚海域，每当海水涨潮的时候，汹涌的海水就会排山倒海一样“哗哗哗”地朝着洞里边流去，形成了一股特别湍急的急流。

据推测，每天流进这个无底洞的海水足足有 3 万多吨，却一直没有把它灌满。所以人们曾经怀疑，这个无底洞会不会就像石灰岩地区的漏斗、竖井、落水洞一类的地形呀？那样的地形，不管有多少水都不能把它们灌满。不过，这类地形的漏斗、竖井、落水洞都会有一个出口的，那些水会顺着出口流出去。可是，希腊亚各斯古城海滨的这个无底洞，人们寻找了好多地方，做了各种各样的努力，却一直没有找到它的出口。1958 年，美国地理学会曾经派出一个考察队，来到希腊亚各斯古城海滨，想揭开这个无底洞的秘密。

考察队员们采用的是这么一种办法：他们先把一种经久不变的深色染料放在海水里边，然后看着这种染料是怎么随着海水一块儿流进无底洞里边。接着，考察队员们赶紧分头去观察附近的海面和岛上的各条河流、湖泊，看看有没有被这种染料染出颜色的海水。可是，考察队员们费尽了力气，察看了所有的地方都没有发现被染料染了颜色的海水。奇怪，这是怎么回事呢？难道说是海水的量太大，把有颜色的海水稀释得太淡了，让人们根本看不出来吗？考察队员们只好回去了。可是，他们一直没有甘心。几年以后，他们研究制造出来一种浅玫瑰色的塑料粒子。这种塑料粒子比海水稍微轻一些，能够漂浮在水面上不沉底，也不会被海水溶解。考察队员们来到希腊亚各斯古城海滨，他们把 130 千克的塑料粒子都倒进了海水里。工夫不大，这些塑料粒子就顺着海水流进了无底洞。哪怕只有一粒塑料粒子在别的地方冒出来，就可以找到“无底洞”的出口了，但结果是考察队员们发动了好多人，在各地水域里整整寻找了 1 年多的时间，一颗塑料粒子也没有找到。到现在为止，无底洞仍然是个未解之谜。谁也解释不了到底海水为什么会总这么漏下去。这个“无底洞”究竟是怎样一个洞呢？这些问题都有待科学家们进一步探索。

为什么北极冰层厚度没有南极厚呢？

北京市汇文第一小学
绘画作者：韦多莉娅
指导教师：郭　梅

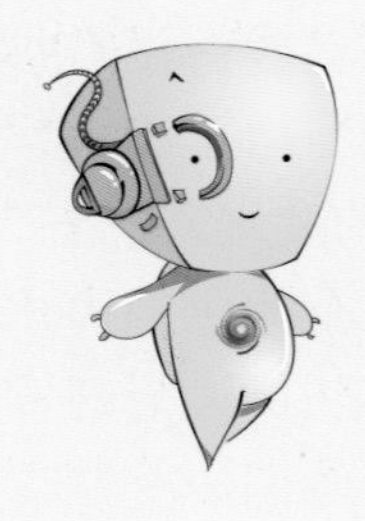

在介绍南北极区别的时候，我介绍过南北极的冰层厚度不同。南极大陆上覆盖着一层厚厚的冰，又称为冰盖或冰穹，平均厚度达到2450米。北极地区的冰，大部分是北冰洋洋面上的浮冰。这些会不断移动的浮游海冰，在冬季时会挤压堆积成冰山，厚度最多能达到几百米。北极格陵兰半岛上的大陆冰层，就厚一些了，平均厚度1500米左右。南北极冰层厚度确实差别挺大，那到底是为什么呢？

还是从南北极的区别说起。北极是一片汪洋；南极是一片大陆。汪洋大海里，除了波涛、涌浪和飞溅的浪花，还有什么呢？还有“洋流”，它们就像在海里流动的“河流”一样，让世界各地的海洋“互通有无”。洋流按形成的原因可以分为风海流、密度流和补偿流。其中密度流更值得我们一提。举个例子，我们夏天吹空调总喜欢把凉风吹到高处，凉风“降落”到低处，很快整个房间都会很凉爽；冬天我们总喜欢把空调的热风吹到低处，暖风“上升”到高处，很快整个房间都会暖和。冷风和热风的密度是不同的，所以重量也是不同的，冷风更重一些，热风更轻一些。“密度流”就是这个道理，冷海水和热海水的密度不同，重量也不同，它们就会形成循环流动的洋流。北极海冰的下层，在温暖海水的冲刷下，会有部分融化，融化的冷海水不断“沉入海底”，温暖的海水不断流进来。这就像在北极海冰下放了一个温暖的“暖水袋”，冬天好不容易冻结的海冰,在夏季很快就被温暖的海水融化掉。“全球变暖”更是加速了融化的速度。南极的冰大多覆盖在南极大陆上。厚实的冰层下面是岩石和土壤，科学家也称之为“永冻土”或“永冻层”，温度几乎改变不大。至少目前还没有科学家宣称在南极的冰层下面发现火山或者高温地热。所以南极的冰层以下就像一个牢固的底座，成了冰层“发育”的温巢。年复一年的积雪和碎冰，覆盖在南极冰穹上，越压越实，越积越多，越来越厚。“全球变暖”对南极的影响似乎比北极小得多，如果南北极的冰层都在减少的话，至少南极冰层减少速度比北极慢多了。这应该就是南极比北极的冰层厚了将近一倍的原因。

每年有超过 640 万吨垃圾进入海洋，这些垃圾会给海洋生物带来哪些危害?

北京市第一师范学校附属小学
绘画作者：景煜轩
指导教师：齐　然

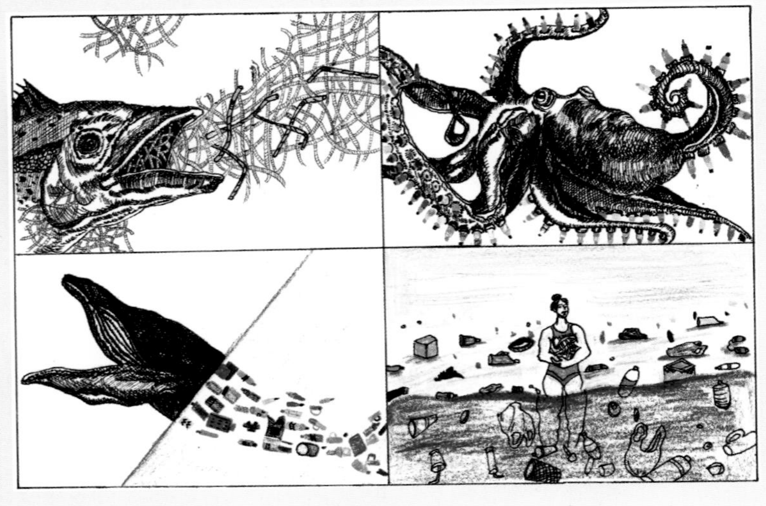

北京市第一师范学校附属小学
绘画作者：孟鑫垚
指导教师：齐　然

海洋垃圾不仅会造成视觉污染，还会造成水体污染，造成水质恶化。海洋中最大的塑料垃圾是废弃的渔网，它们有的长达几千米，被渔民们称为“鬼网”。在洋流的作用下，这些渔网绞在一起，成为海洋哺乳动物的“死亡陷阱”，它们每年都会缠住和淹死数千只海豹、海狮和海豚等。其他海洋生物则容易把一些塑料制品误当食物吞下，例如海龟就特别喜欢吃酷似水母的塑料袋；海鸟则偏爱打火机和牙刷，因为它们的形状很像小鱼，可是当它们想将这些东西吐出来反哺幼鸟时，弱小的幼鸟往往被噎死。塑料制品在动物体内无法消化和分解，误食后会引起胃部不适、行动异常、生育繁殖能力下降，甚至死亡，最终导致海洋生态系统被打乱。

最终为何会变成塑料人？

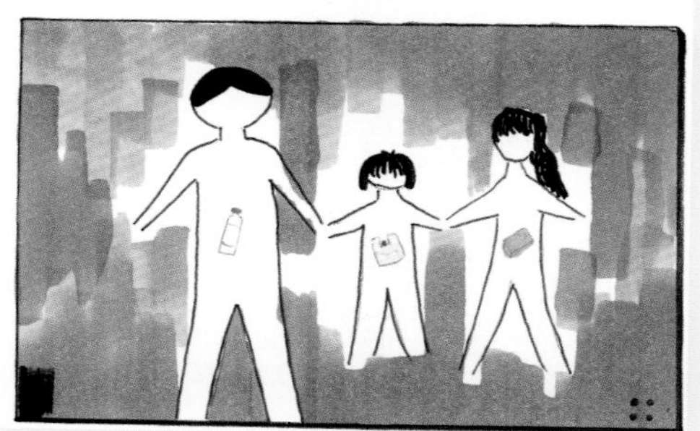

北京市第二十四中学
绘画作者：郭羽宸
指导教师：徐　静

20世纪中期，人们发现了塑料这种极其高产的神奇材料，几乎拥有着无限的商业应用前景，整个世界为此欣喜若狂。现在，不仅仅在陆地上，人类正在遭受着塑料垃圾围城的困境，而且大洋深处无辜的海洋动物们也饱受塑料垃圾的折磨。海洋鱼类吸收了塑料微颗粒，人类再捕食鱼类，那塑料垃圾仍然还是回归了人类自身，难以降解的塑料在自然循环中破碎成小颗粒，大量出现在水体中，积聚在动植物体内，最终积聚在人体内。所以现在有一种说法，就是人类再继续将产生的塑料垃圾倾倒入海洋的话，最终人类将变成可怕的“塑料人”。

如何解决海洋污染问题?

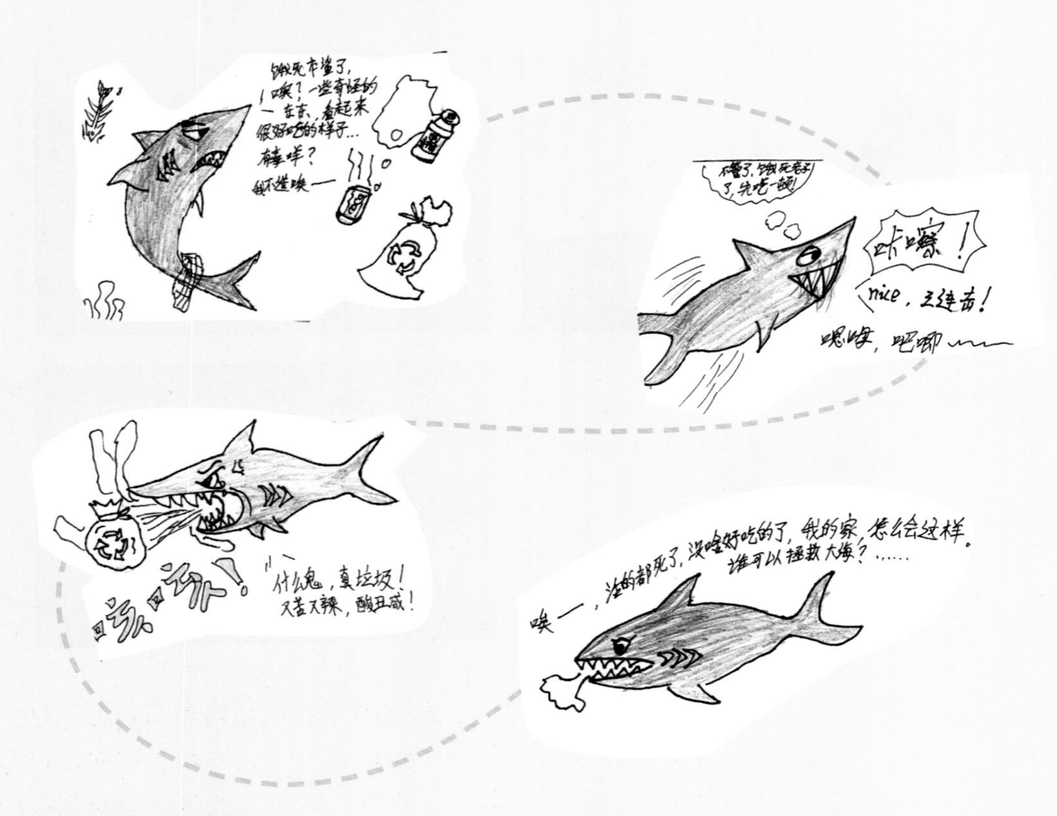

北京市第五十五中学
绘画作者：郭　莫
指导教师：赵博伦

①海洋开发与环境保护协调发展，立足于对污染源的治理；②对海洋环境深入开展科学研究，净化海水；③健全环境保护法制，加强监测监视和管理；④建立海上消除污染的组织；⑤加强全民海洋环保宣传教育；⑥加强国际合作，共同保护海洋环境。

垃圾到了大海中最后去哪儿了呢?

北京市东城区前门小学
绘 画 作 者: 张 琳 畅
指 导 教 师: 崔　桢

随着现代工业的发展,各种各样的垃圾数量也在增加。目前海洋垃圾主要分为海滩垃圾和海底垃圾：海滩垃圾包括塑料袋、烟头、聚苯乙烯塑料泡沫快餐盒、渔网和玻璃瓶等，很多都是游客遗留在海滩边，后被冲入海洋。海底垃圾包括玻璃瓶、塑料袋、饮料罐和渔网等。海洋最终成为了各种垃圾的消化之地，但是垃圾排入到海洋之中，并不是完全直接被分解，而是汇集到别的地方。在太平洋之中就出现了一个巨大的垃圾岛，这个地方被称之为世界上最脏的地方，到处都恶臭熏天，被环保人士调侃为说"垃圾群岛共和国"。人类制造出了大量的垃圾，可是关于这些垃圾最终会走向哪里，可能只有少数人关心，但其实有很多的国家对垃圾的处理能力是不足的，这些国家的垃圾也不会凭空的消失，绝大部分是直接倒入海洋之中了。无国界垃圾岛屿的面积正在不断的扩大，到现在为止已经有 5 个英国，200 个上海市那么大了，而且这个岛屿上面根本就没有任何的动植物生活，到处都是恶气熏天的垃圾。

为什么人类不断破坏海洋？

北京市第五十五中学
绘画作者：梁佳颐
指导教师：张一帅

最早人类开发海洋是为了生存，当人类社会和科技日益进步，人类对海洋资源的需要和利用越来越明显和过度。在大量消耗资源和排放污染物的同时就打破了全球海洋生态环境的平衡。人类开发种类繁多的海底矿产资源，如石油、天然气、煤矿，还有砂、砾石和重砂矿等，导致资源减少，海洋生物的生存环境被改变；海洋运输也给海洋带来了大量的污染物；人类捕捞和养殖渔业90%以上集中在大陆架水域，给海洋造成了生物链断裂、水体富营养化等严重结果；农用化肥及农药渗透进海水造成海洋生物多样性被打破；二氧化碳的过度排放导致气候变暖和海洋酸化；拖网捕鱼对珊瑚礁的破坏最严重等。当人类对海洋的影响超越环境所能承受的临界点时，人类也将面临生存危机。

眼下全球变暖日趋严重，北极熊与企鹅会受什么影响？

北京市第五十五中学
绘画作者：王婧宜
指导教师：许丽娜

全球变暖正在使北极变得更加温暖，这意味着海冰正在融化，没有海冰，北极熊就无法获得足够的食物，没有足够的食物，它们无法获得足够存活的能量。企鹅栖息地的范围逐渐在缩小，气温的升高，导致海平面上升，沿海低地被淹，海冰变薄甚至消失，它们不得不在越来越薄的海冰上抚养它们的幼崽。由于冰层过薄，容易破裂，企鹅蛋和小企鹅因此常常会被夺去生命。全球变暖还导致了企鹅食物的减少，这些都会为企鹅带来灭顶之灾。

是什么导致北极熊无家可归呢？

北京市第五十五中学
绘画作者：温璐华
指导教师：张林源

北京市第五十五中学
绘画作者：王子慧
指导教师：张　举

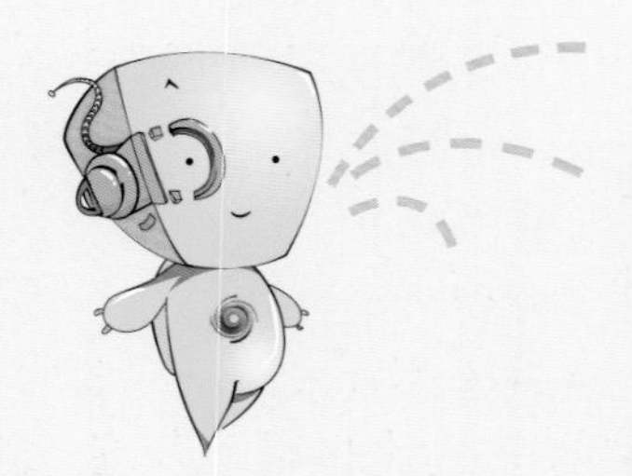

北极熊“无家可归”主要是因为没有了食物的来源，没有可以立足的海冰家园。近些年的“全球气候变暖”就是造成北极熊无家可归的主要原因。北极地区的海冰逐年消减，海水温度上升，海冰融化的速度远大于结冰的速度，导致北极总冰量急剧下降。北极熊失去海冰就像鸟儿失去了森林一样，没有地方筑巢，没有地方获取食物，没有地方继续栖息下去，保护海洋迫在眉睫。

全球变暖我们应该怎么做呢?

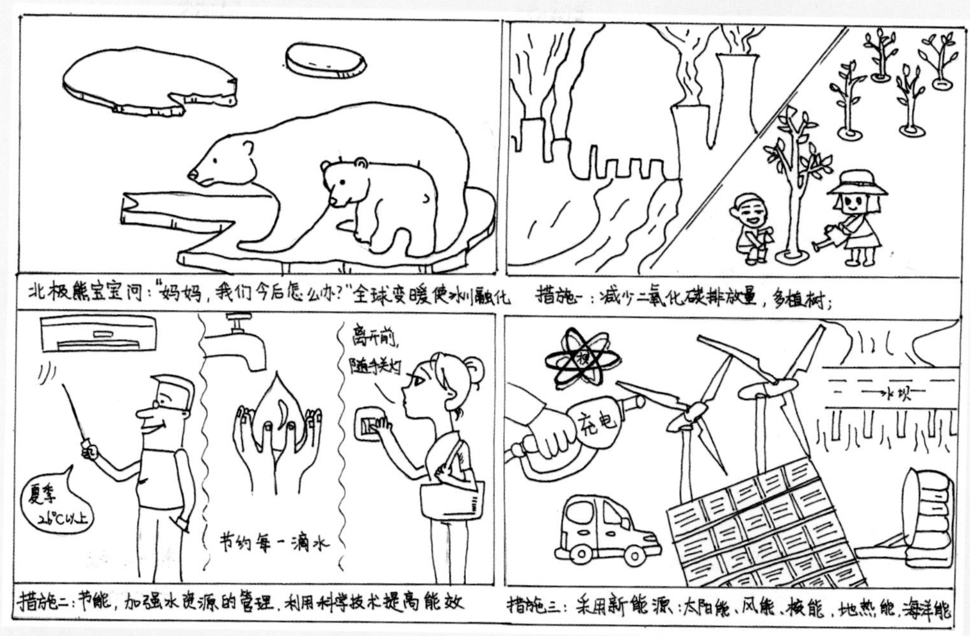

北京市第五十五中学
绘画作者:田心怡
指导教师:陈海文

保护地球,我们可以从身边做起。日常生活中应该提倡和呼吁身边的人节约用电、节约用水,支持可持续发展;参加植树活动、保持水土,保护环境;出门骑行或乘坐公交,减少汽车尾气排放;购物时自备布袋,不使用一次性物品,如一次性筷子和杯子等;垃圾分类,减少污染物堆积,宣传低碳绿色生活的观念。

随着全球气温继续升高，北极熊的家园将会怎样？

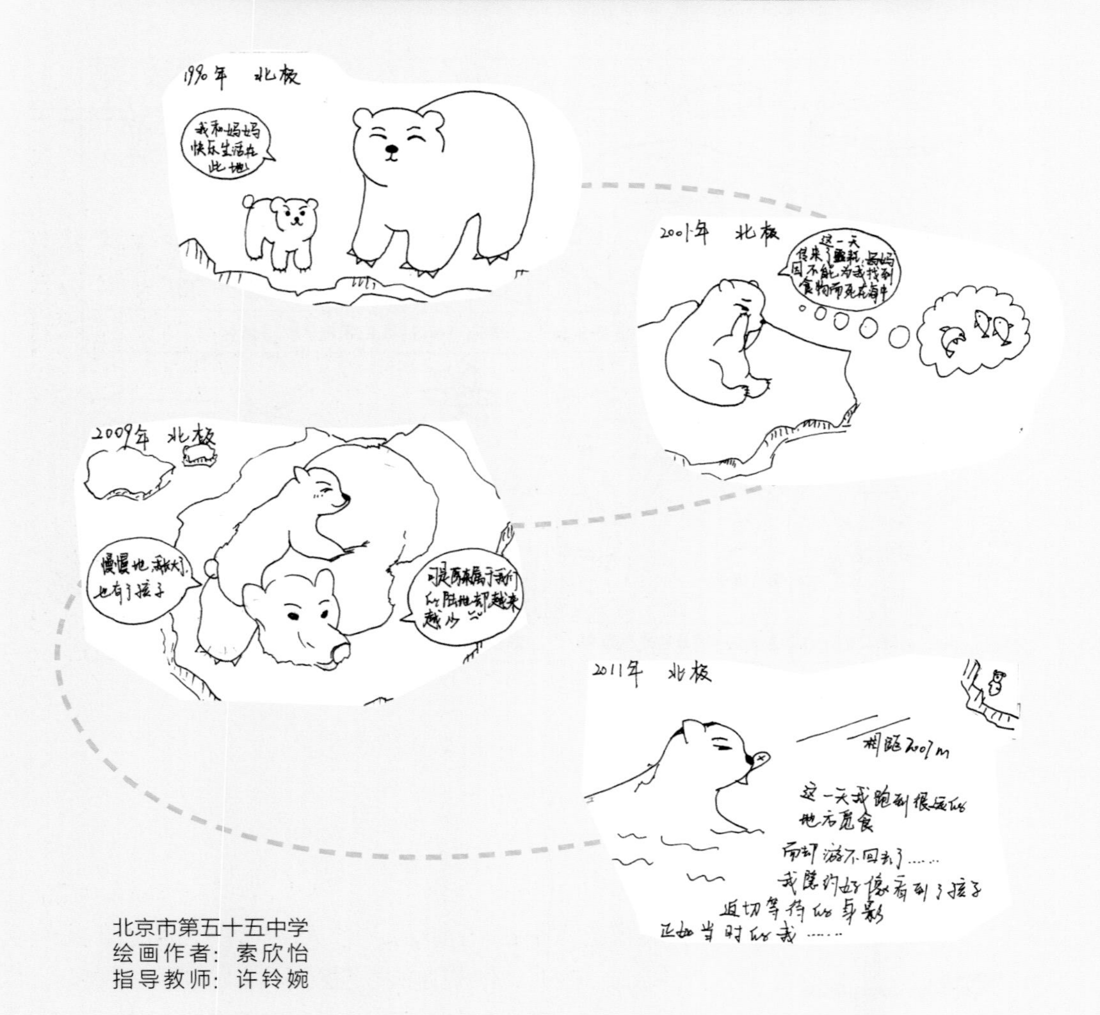

北京市第五十五中学
绘画作者：索欣怡
指导教师：许铃婉

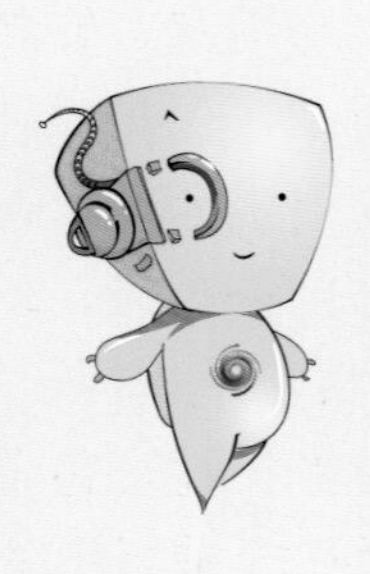

全球气温升高，暖化最严重的就是北极地区，它的暖化速度比全球其他地区快 2 到 3 倍，其温度有时候甚至比美国纽约的温度还要高。气温升高会导致北极动物种群和数千年来停留在北极冰层的古老苔藓和“地衣”大量减少；水温升高会导致的海洋浮游生物繁殖加剧，让其他生物缺氧死亡。随着冰川的融化，缺乏反射面的海水还会加速蒸发，让大量温室气体笼罩北极，最终还会导致更猛烈的风暴、干旱及寒流。

北极冰川融化后，北极熊还能抓到猎物吗？

北京市第一师范学校附属小学
绘 画 作 者：许 明 浩
指 导 教 师：齐 然

最近又有科学家预测，将于2044—2067年之间的某个时间点开始北冰洋海域出现无冰的情况，这比之前的科学家预测的时间更加提前了一些。北极冰川逐年减少已经成为一个不争的事实，长期依赖海冰生活而形成的“食物链”将被改变，这个脆弱的北极“生物圈”也将被打破。失去了海冰“掩护”的北极熊，就像失去森林的鸟儿，到了灭绝的边缘！

北极熊以捕捉北极海豹为生，它们熟悉海豹利用海冰“呼吸孔”生存的习性。它们会蹲守在海豹“呼吸孔”窟窿外，等待时机捕捉海豹。它们也熟悉小海豹出生以后会藏在冰层夹缝里，利用灵敏的嗅觉就能准确定位小海豹的藏身地。北极狐深埋在冰雪下的“过冬”猎物，有时也逃不过北极熊的大鼻子。当冰雪融化，这一切都将成为泡影。

北极熊不得不到陆地上生活捕猎，或者碰运气遇到海里死去的鲸鱼。科学家已经在多个北极周边的海岛观察到北极熊捕猎鸟类的现象，特别是有点“笨手笨脚”的北极绒鸭，雏鸟和鸟蛋成为北极熊的新目标。北极熊对于捕猎其他动物，似乎无从下嘴，或节节退败。在面对北极雪雁时，雪雁尖尖的喙和俯冲攻击的能力，让北极熊无法靠近，甚至有眼睛被戳瞎的危险。在面对肥硕的海象时，北极熊像一只尴尬的“牧羊犬”一样，每次都是“成功”地将一群在岸上休息的海象赶下海水。若想抓住其中一只，却无从下嘴，海象的皮对于北极熊的牙齿好像太厚了，根本咬不动。海象的獠牙也随时会给北极熊带来致命伤。在面对群居的北极驯鹿和麝牛时，北极熊似乎显得势单力薄，又没有北极狼群穷追不舍的速度和耐力，北极熊打个盹的功夫，驯鹿和麝牛早就跑出去几千米路了。在面对北极狐和北极狼的时候，北极熊的胜算并不高，好像温带陆地上的熊和狼也互不干涉彼此的生活。在面对海鱼时，北极熊的游泳本领似乎和狗差不多，都是“狗刨式”泳姿，似乎根本抓不到鱼，它们可没有北美棕熊那么幸运，可以等着洄游的鲑鱼“往嘴里跳”。但是熊类本身是杂食性动物，很多北极游客和科学家都见到过北极熊吃海带、海草和某些树叶，因为任何一种动物都会调整自身的习惯去适应环境的变化。

降低排放保护环境

北京市东城区黑芝麻胡同小学
绘画作者：金子煜
指导教师：张建颖

呼吁和提倡低碳生活，有效降低碳排放和每位市民关系密切，我们每个人的一举一动，其实都牵涉到碳的排放。碳的排放量越大，导致全球变暖的元凶二氧化碳制造得越多，对全球变暖所要负的责任也越大。一个人的碳消耗量分两大部分，一是因使用化石能源而直接排放的二氧化碳，比如坐飞机出行，飞机会消耗燃油，排出二氧化碳；二是因使用各种产品而间接排放的二氧化碳，比如消费一瓶瓶装水，从表面上看和二氧化碳排放毫无关系，但在这瓶水的生产和运输过程中，其实也产生了碳排放。当市民享受高效率、高科技、高品质的生活时，也消耗了超高的能源，气候恶化逼迫我们马上为保护环境行动起来，在许多“高”里坚持一种“低”，这就是“低碳生活”。

怎样让大海变得更蓝？怎样让小鱼与人类和平共处？

北京光明小学
绘画作者：孙嘉悦
指导教师：霍艳平

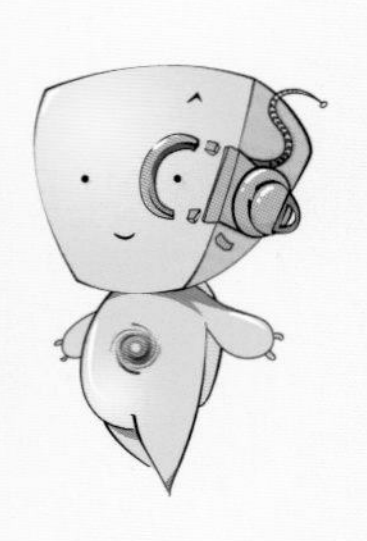

在我们生活的地球上，70% 的面积被大海所覆盖，海洋的生态环境与人类的生存密切相关，我们必须共同为构建和谐海洋环境而努力，保护环境人人有责，日常生活中，我们首先要减少污染物排放，出行时，不乱扔垃圾、塑料等进入海洋中。合理进行捕捞，科学设置休渔期，保护海洋环境的自我调节和可持续发展。

海洋环境

石油是如何形成的?

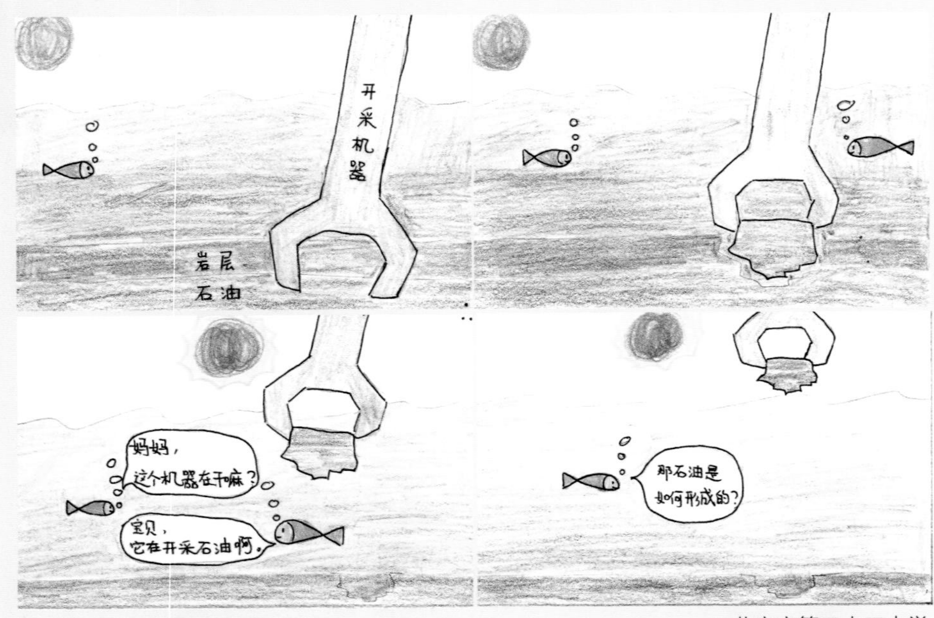

北京市第二十二中学
绘画作者:刘语凡
指导教师:李凯扬

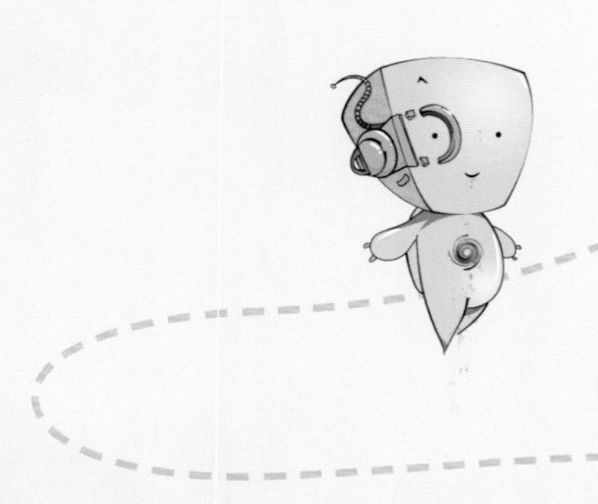

石油属于生物化石燃料,生物的细胞含有脂肪和油脂,脂肪和油脂则是由碳、氢、氧等3种元素组成的。生物遗体沉降于海底或湖底并被淤泥覆盖之后,氧元素分离,碳和氢则组成碳氢化合物。我们已经在地球上发现3000种以上的碳氢化合物,石油是由其中350种左右的碳氢化合物形成的。

海水淡化能否应用于日常饮用水供应系统中?

北京市第五十五中学
绘画作者：杨佳祺
指导教师：曹　然

一些沙漠地带的国家急需淡水资源的供应，目前也正在大力研发这种海水处理技术，并且现在技术方面已经可以将海水大量转化为淡水了。一种是蒸馏法，即通过将海水收集到一起经过高温蒸发形成水蒸气，再利用这些水蒸气液化形成淡水。另一种是反渗透法，主要是运用一些高科技的化学薄膜将海水渗透过去，将盐分过滤掉变成真正的淡水。目前这两项技术发展得较为成熟，很多国家早已把海水淡化水作为生活饮用水，例如沙特，马尔代夫，以色列等。一些国家甚至把淡水厂与国家供水系统连接起来。但是要全面实现海水淡化替代日常饮用水还需技术的进一步完善和成本的降低，产出的水质必须达到国家自来水的标准。

能利用冷气发电吗?

北京市第一六六中学附属校尉胡同小学
绘 画 作 者: 沈 星 媛
指 导 教 师: 柴 建 清

应该可以，能量可以相互转换。目前有空气发电技术，但还少有人问津，原因是矿物能源的价格太低，以致人们还无须去考虑。一旦矿物能源耗尽，政府对二氧化碳排放标准严加限制，对洁净能源的需求就会骤然而升。

极光到底是什么？

东四九条小学
绘画作者：李茉萱
指导教师：夏 菁

极光的名字来自古罗马神话中的黎明女神，她驱散夜晚的黑暗，把光明撒向人们。它的形态和色彩随着时间、地点和太阳活动等多种要素不同而变化，在严寒的大地上空展现一幅百花烂漫、竞相斗妍的画面。极光从字义上就能看出是发生在极圈里的自然现象。地球两端的南北极是地球磁场的两个磁极，当太阳放射强大的带电粒子流（太阳风），射向地球时，受南、北极磁场的吸引，纷纷涌向南北极地区上空，带电粒子与高空的大气层的原子或分子发生激烈碰撞，而产生各种不同颜色的光，这些光混合在一起，便出现了五颜六色、奇异壮观的极光。极光的高度一般在 90 ～ 110 千米左右，有时高达 200 千米。

双龙探极

“雪龙”号

“雪龙”号极地考察船简称“雪龙”号（英文名：Xue Long），中国第三代极地破冰船和科学考察船，是由乌克兰赫尔松船厂在1993年3月25日完成建造的一艘维他斯·白令级破冰船。中国于1993年从乌克兰进口后按照中国需求进行改造而成。

“雪龙”号是中国最大的极地考察船，雪龙船耐寒，能以1.5节航速连续冲破1.2米厚的冰层（含0.2米雪）。1994年10月首次执行南极科考和物资补给运输任务，至2019年第36次南极考察，“雪龙”号已先后25次赴南极，9次赴北极执行科学考察与补给运输任务，足迹遍布五大洋，创下了中国航海史上多项新纪录。

“雪龙 2”号

“雪龙 2”号极地考察船是中国第一艘自主建造的极地科学考察破冰船（破冰船是用于破碎水面冰层，开辟航道，保障舰船进出冰封港口、锚地，或引导舰船在冰区航行的勤务船）。

“雪龙 2”号极地考察船的船长 122.5 米，船宽 22.3 米，吃水 7.85 米，吃水排水量约 13990 吨，装载能力约 4500 吨，是国际极地主流的中型破冰船型。

“雪龙 2”号极地考察船采用两台 7.5MW 破冰型吊舱推进器，是全球第一艘采用船艏、船艉双向破冰技术的极地科考破冰船，且双向破冰均具有以 2~3 节船速连续破 1.5 米冰加 0.2 米积雪的能力。双向破冰主要提高了破冰船在冰区的灵活性和作业效率。传统的破冰船在冰区掉头时费时费力，而双向破冰可直接省去掉头过程。

“雪龙 2”号极地考察船具备全回转电力推进功能和冲撞破冰能力，可实现在极区原地 360 度范围内的自由转动。“雪龙 2”号极地考察船的艉向破冰技术还能利用吊舱推进器把海冰推向两侧，能够实现在 20 米当年冰冰脊（含 4 米堆积层）+20 厘米雪层中不被卡住。这些性能大幅度提升了船舶的机动能力，满足全球无限航区航行的需求。

对于极地科考船来说，如果在海上可以长时间将船体位置固定，将会大大有助于考察。为此，“雪龙 2”号配备了两套动力定位系统。定位时，通过船上的电力推进器、舵、艏艉侧推协调配合，船艏根据海上风向和海水流向选择合适角度，使船体“稳如泰山”。这一技术的使用，使“雪龙 2” 号在 4 级海况下可满足大型科考设备的定位收放要求，在 6 级风、1.5 节流时仍能满足漂泊调查作业要求。

附：学生获奖名单

序号	学校	姓名	征集的问题	指导老师
1	北京市第二十五中学	王若瑜	海底火山的喷发对周围生物有影响吗？	张天一
2	北京市第二十五中学	李欣怡	鱼会不会因为生活在高盐度的环而生病？	魏欣
3	北京市第二十五中学	伍海琴	2亿年前南极洲也像现在这样冷吗？	魏欣
4	北京市第二十五中学	刘欣悦	海马为什么叫海马不叫马鱼呢？	魏欣
5	北京市第二十五中学	魏语珂	企鹅会不会因为环境的变化而慢慢进化成鸟类或鱼类？	殷然
6	北京市第二十五中学	王可萱	为什么帝企鹅过冬时要去更冷的地方呢？它们将怎么过冬呢？	刘佳
7	北京市第二十五中学	肖孟涵	为什么会形成海啸？	吉凯鑫
8	北京市第二十五中学	刘牧曈	为什么企鹅不是白的？	于丽媛
9	北京市第二十五中学	李天一	北极为什么会发生极夜这种现象？	宋嫣然
10	北京市第二十五中学	肖睿涵	为什么在很早以前企鹅和北极熊在一起住，而现在分家了？	吉凯鑫
11	北京市第二十四中学	郭羽宸	最终为何会变成塑料人？	徐静
12	北京市第二十四中学	席语涵	为什么北极和南极不会发生地震？	徐静
13	北京市第二十四中学	陈晓月	南极和北极有什么区别？	徐静
14	北京市第二十四中学	王萧赫	为什么我们拿手捧起海水是透明的，但海面显出蓝色？	徐静
15	北京市第二十四中学	张露兮	企鹅是如何度过漫长的极夜的？	徐静
16	北京市第二十四中学	苗紫闰	海豚的智商有多高？海豚比人聪明吗？海豚为什么聪明？	徐静
17	北京市第二十四中学	魏语璠	黑熊到底能不能接受北极熊的邀请去北极呢？	徐静
18	北京市第二十四中学	智泽玥	多年后南极北极会不会因为全球变暖而融化？	徐静
19	北京市第二十四中学	王若溪	为什么鲑鱼会洄游呢？	徐静
20	中央工艺美术学院附属中学	刘任杰	鲸鱼为什么头那么大？	刘宇鹏
21	中央工艺美术学院附属中学	纪晓柔	虎鲸为什么对人类很友好？	刘宇鹏
22	中央工艺美术学院附属中学	段俞宏	北极燕鸥迁徙时为什么要飞那么远？它们又是怎样知道自己的目的地的呢？	刘起成

23	中央工艺美术学院附属中学	刘宇	若全球气候变暖越来越严重，冰川量极少时，南北极生物如何生存？抑或在冰川全部融化前南北极野生生物会灭绝？	刘起成
24	中央工艺美术学院附属中学	孙一宁	为什么深海压力这么大，而鮟鱇鱼不会被压扁呢？	刘起成
25	中央工艺美术学院附属中学	张芸杉	北极熊自问："为什么人类的房子越来越高，但我们的家园却越来越小？"	陈华
26	中央工艺美术学院附属中学	赵茜	玳瑁龟现在怎么一只都没了？	陈华
27	中央工艺美术学院附属中学	李徐宛怡	海洋蓝洞是怎样产生的？	陈华
28	北京市第五十五中学	梁佳颐	为什么人类不断破坏海洋？	张一帅
29	北京市第五十五中学	李怡菲	大海中还有哪些你不知道的生物？	李煦
30	北京市第五十五中学	索欣怡	随着全球气温继续升高，北极熊的家园将会怎样？	许铃婉
31	北京市第五十五中学	田心怡	全球变暖我们应该怎么做呢？	陈海文
32	北京市第五十五中学	马逸辰	为什么南极北极的极昼极夜是相反的呢？	陈海文
33	北京市第五十五中学	张珈铭	如果继续破坏海洋环境，未来将会怎样？	许丽娜
34	北京市第五十五中学	温璐华	是什么导致北极熊无家可归呢？	张林源
35	北京市第五十五中学	王婧宜	眼下全球变暖日趋严重，北极熊与企鹅会受什么影响？	许丽娜
36	北京市第五十五中学	刘禹森	如果我们继续破坏海洋的生态环境，还会给我们提供宝贵的资源吗？	董婉仪
37	北京市第五十五中学	杨佳祺	海水淡化能否应用于日常饮用水供应系统中？	曹然
38	北京市第五十五中学	郭莫	如何解决海洋污染问题？	赵博伦
39	北京市第五十五中学	王子慧	全球气候变暖给北极熊带来了什么灾难？	张举
40	北京市第二十二中学	刘语凡	石油是如何形成的？	李凯扬
41	北京市东城区和平里第四小学	田雨濛	灯塔水母为什么可以返老还童？	宫亚昆
42	北京市东城区和平里第四小学	张梓墨	为什么鲨鱼有很多排牙齿？	刘春燕
43	北京市东城区和平里第四小学	邵泊雅	贼鸥为什么霸占别人的巢？	刘春燕

44	北京市东城区和平里第四小学	郭清悦	如何能防止水母再度泛滥？	高颖颖
45	北京市东城区和平里第四小学	郭佳楠	海豚为什么要边游泳边出声？	高颖颖
46	北京市东城区和平里第四小学	姚悦洋	海葵为什么不吃小丑鱼？	高颖颖
47	北京市东城区和平里第四小学	王曦菡	水母是如何吃食的？	高颖颖
48	北京市东城区和平里第四小学	杨子荻	同样的温度，为什么东北感觉比北极还冷呢？	高颖颖
49	北京市东城区和平里第四小学	戴歆媛	地球上的海洋从何而来？	周宏丽
50	北京市东城区和平里第四小学	鲍规划	海底为什么有火山？	周宏丽
51	北京市东城区和平里第四小学	毕佳琪	小海马到底谁生的？	何燕玲
52	北京市东城区和平里第四小学	骆梓恒	什么是离岸流？它是怎么形成的？	刘春燕
53	北京市东城区前门小学	张琳畅	垃圾到了大海中最后去哪儿了呢？	崔桢
54	北京市东城区前门小学	王淳田	海水淡化会让海水变得更咸吗？	崔桢
55	北京市东城区前门小学	彭祎涵	海里为什么植物那么少，动物那么多？	崔桢
56	北京市东城区前门小学	马亿涵	章鱼算鱼吗？	崔桢
57	北京市东城区前门小学	张霖熙	鲨鱼有没有牙神经？	崔桢
58	北京市东城区前门小学	吴稼博	海啸怎么形成的？有什么危害？	崔桢
59	中央工艺美院附中艺美小学	郑舒心	为什么鲸鱼会喷水？	索颖
60	北京市汇文第一小学	方诗凝	海洋无底洞可以减慢海平面上升的速度吗？	曹力元
61	北京市汇文第一小学	韦多莉娅	为什么北极冰层厚度没有南极厚呢？	郭梅
62	北京市汇文第一小学	李润轩	为什么黑暗高压的深海还有生物呢？	郭梅
63	北京市东城区回民实验小学	张冠仪	海龙卷能给我们带来惊喜吗？	舍梅
64	北京市东城区回民实验小学	穆一嘉	为什么珊瑚有白色的？	舍梅

65	北京市东城区回民实验小学	张宏莉	为什么翻车鱼喜欢寻找合适的水温晒太阳？	舍梅
66	北京市东城区黑芝麻胡同小学	金子煜	降低排放保护环境	张建颖
67	北京市东城区黑芝麻胡同小学	刘思问	极地海面上的浮冰是什么味道的？	张建颖
68	北京市东城区黑芝麻胡同小学	陈奕霖	为什么北极狐、雪鸮、北极兔的毛冬天和夏天颜色不一样？	张建颖
69	北京市第五中学分校附属方家胡同小学	李济池	为什么水母是透明的呢？	张芯雨
70	北京市第五中学分校附属方家胡同小学	张玉那	为什么飞鱼可以飞起来呢？	张芯雨
71	北京市第五中学分校附属方家胡同小学	药阳	为什么鲸鲨停下来就会死掉？	张芯雨
72	北京市第五中学分校附属方家胡同小学	程清如	海葵为什么能帮助小丑鱼抵挡外敌？	张芯雨
73	北京市第五中学分校附属方家胡同小学	孙一明	为什么破坏环境，天气会变得越来越热呢？	张芯雨
74	北京市第一师范学校附属小学	孟鑫垚	每年有超过640万吨垃圾进入海洋，这些垃圾会给海洋生物带来哪些危害？	齐然
75	北京市第一师范学校附属小学	许明浩	北极冰川融化后，北极熊还能抓到猎物吗？	齐然
76	北京市第一师范学校附属小学	景煜轩	海水中的“彩色垃圾”是否会对海龟等海洋生物带来危害？	齐然
77	北京市第一师范学校附属小学	熊易轩	海底为什么会有古城遗迹呢？	齐然
78	北京市东城区和平里第一小学	万家珣	漫长的冬天，企鹅爸爸不饿吗？	田楠
79	北京市东城区和平里第一小学	赵子馨	为什么海水永不干涸呢？	田楠
80	北京市东城区西中街小学	程丽歌	植物在多深的海底就不能生长了？	张东红
81	北京市东城区西中街小学	张熙雯	为什么鲨鱼身边一群鱼它不吃偏逮大鱼吃，因为它的视力不好吗？	张东红
82	北京市东城区西中街小学	刘宸希	企鹅在什么时候产卵，怎样孵化？	张东红
83	北京市第一六六中学附属校尉胡同小学	沈星媛	能利用冷气发电吗？	柴建清
84	北京市第一六六中学附属校尉胡同小学	李宇嘉	为什么海龟过了很多年，还能找到自己出生的地方？	郭婕妤
85	北京市第一六六中学附属校尉胡同小学	杨若澜	为什么翻车鱼要晒太阳？	郭婕妤

86	北京市东城区灯市口小学	冯若林	为什么海马是爸爸生育宝宝？	李怿然
87	北京市东城区灯市口小学	刘思悦	到底是南极更冷还是北极更冷？	李怿然
88	北京市东城区灯市口小学	关昊然	为什么竹筴鱼要成群游动呢？	李怿然
89	北京市东城区新鲜胡同小学	贺子胤	旗鱼的背鳍是如何收起来的？它是怎么吃到被它扎中的鱼的？	朱舸
90	北京市东城区新鲜胡同小学	于梦媛	为什么北极海象可以用胡子寻找食物？	王昭
91	北京市崇文小学	张婉临	北极狐会不会认路？	颜吉
92	北京市崇文小学	王齐越	北极和南极的重力是一样的么？	颜吉
93	北京市崇文小学	魏硕彤	冰山是从上面开始融化的还是从下面开始融化呢？	张晶辰
94	定安里小学	张怀宇	狗鲨和大青鲨谁会主动攻击人类？	彭艳娟
95	定安里小学	陈汝秫	海参遇到敌人是如何逃生的？	周曼
96	东四九条小学	李茉萱	极光到底是什么？	夏菁
97	东四九条小学	郑嘉熠	没有阳光的深海沟是否有生命？他们靠什么生存？	任立鹏
98	东四九条小学	郝奕名	为什么鲸会集体自杀？	任立鹏
99	东城区青少年科技馆科普社团（青年湖小学学生）	刘雨坤	到底是南极冷还是北极冷？	牛广欣
100	东城区青少年科技馆科普社团（西中街小学学生）	王力冉	为什么章鱼不是鱼？	李莹
101	北京光明小学	孙嘉悦	怎样让大海变得更蓝？怎样让小鱼与人类和平共处？	霍艳平

本书作答专家组成员简介：

王建国　原国家海洋局极地考察办公室党办主任　长城站站长　中山站站长
姜周熙　《海洋世界》原主管编辑
郭炳坚　泉州市科技局专家顾问团讲师　集美大学特聘教授　青山中学科技副校长
许李易　漳州市东山二中科技副校长　全国海洋科普教育基地主任　2014 年度“国家海洋人物”
杨端敏　漳州市东山二中科普专职高级教师　2019 全国生态环境教育优秀教师　海洋意识教育编辑
徐小龙　大洋极地蛟龙队员　国家海洋局特聘海洋科普讲师　中国海洋学会首席讲师
邓飞帆　中国海洋学会研学委员会秘书　中国海洋学会首席讲师
2019 年自然资源部科普讲解大赛一等奖　科技部三等奖

后 记

“跟着雪龙去探海”科普实践活动是东城区青少年科技馆深入贯彻落实十九大精神，进一步推进东城区学院制改革，在科学实践与文化传播有效结合方面做出的有益尝试，是具有鲜明区域特色的科学实践类活动。

本书主要针对小学中年级学段的学生编写，可作为小学科学、品社、综合实践等课程的学习拓展材料，也可供小学教师专业发展培训之用，还可供科学教育研究人员参考。希望借助此书的出版，联合更多有识之士共同为青少年科技教育添砖加瓦。

本书亦是集体智慧的结晶！东城区 20 多所学校的教师和学生参与了该书的编辑出版工作（后附学生获奖名单）。在反复修改的基础上，我们选取了学生提出的 101 个关于海洋和极地的问题，并组织学生以“四格漫画”的形式把问题“画”出来。在中国海洋报社的支持下协调了相关领域的专家为学生提出的“问题”做出专业的解答，希望对北京市中小学开展“海洋”科普教育活动提供材料支持。在此，特别感谢中国海洋报社社长，自然资源报社总编辑赵晓涛对书稿的指导。此外，本书还得到了北京市基层科普行动计划项目经费资助，在此一并表示感谢。

在这茫茫太空里，有一颗爱的行星，她养育着太多生命，她就是地球 ~ 母亲！让我们和孩子们一起守护好这颗蓝色的星球吧！

马　亮

2019 年 11 月　北京